Charan Singh Choudhary
Sunita Choudhary

Importância do biofertilizante no crescimento e rendimento de Okara

Charan Singh Choudhary
Sunita Choudhary

Importância do biofertilizante no crescimento e rendimento de Okara

"Efeito dos biofertilizantes no crescimento e rendimento do quiabo (Abelmoschus esculentus l.)"

ScienciaScripts

Imprint

Cover image: www.ingimage.com

This book is a translation from the original published under ISBN 978-620-6-16690-0.

Publisher:
Sciencia Scripts
is a trademark of
Dodo Books Indian Ocean Ltd. and OmniScriptum S.R.L publishing group

120 High Road, East Finchley, London, N2 9ED, United Kingdom
Str. Armeneasca 28/1, office 1, Chisinau MD-2012, Republic of Moldova, Europe
Printed at: see last page
ISBN: 978-620-7-71493-3

"EFEITO DOS BIOFERTILIZANTES NO CRESCIMENTO, RENDIMENTO E QUALIDADE DA OKRA (*Abelmoschus esculentus* L.)"

LISTA DE CONTEÚDOS

LISTA DE SÍMBOLOS E ABREVIATURAS

Símbolos	Abreviaturas	Símbolos	Abreviaturas
N	Nitrogénio	*a saber.*	Nomeadamente
P	Fósforo	por exemplo.	Por exemplo
K	Potássio	ml	Mili litro
%	Percentagem	L	Lakh
Kg	Quilograma	Fe	Ferro
Kcal	Quilo caloria	Fig.	Figura
Kj	Kilo jule	mg	Grama Mili
oC	Grau centígrado	DAS	Dias após a sementeira
m	Contador	ufc.	Unidade formadora de colónias
cm	Centímetro	C.D.	Diferença crítica
mm	Milímetro	Mg	Magnésio
mt	Milhões de tons	Ca	Cálcio
T	Toneladas	Não.	Número
Q	Quintal	pH	Potencial do hidrogénio
Na^{+}	Sódio	SEm	Erro padrão da média
g	Grama	cv.	Cultivar variedade

INTRODUÇÃO

Os legumes eram colhidos na natureza pelos caçadores-recolectores e começaram a ser cultivados em várias partes do mundo, provavelmente durante o período de 10 000 a.C. a 7 000 a.C., quando se desenvolveu um novo modo de vida agrícola. Os legumes são o componente mais importante de uma dieta equilibrada e actuam como alimento protetor. A Índia ocupa uma posição privilegiada no mundo em termos de produção de legumes e é o segundo maior produtor de legumes a seguir à China.

Os nomes binomiais latinos para o quiabo são *Ablemoscbus esculentus* e *Hibiscus esculentus* (kumar *et al.* 2010), e é vulgarmente conhecido como bhindi na Índia, krajiab kheaw na Tailândia, planta de quiabo, ochro, okoro, quimgombo, quimgumbo, gombo, kopi, arab, kacang bendi e bhindi no Sudeste Asiático. Contudo, no Médio Oriente é conhecido como bamia, bamya ou bamieh e gumbo no Sul dos EUA, e ladys finger em Inglaterra (Ndunguru & Rajabu 2004). O quiabo é cultivado em muitas partes do mundo, especialmente em países tropicais e subtropicais (Saifullah & Rabbani 2009).

As plantas de quiabo são cultivadas comercialmente em muitos países como a Índia, Japão, Turquia, Irão, África Ocidental, Jugoslávia, Bangladesh, Afeganistão, Paquistão, Myanmar, Malásia, Tailândia, Brasil, Etiópia, Chipre e no sul dos Estados Unidos (Qhureshi 2007).

Composição química

O quiabo contém proteínas, hidratos de carbono e vitamina C (Dilruba *et al.* 2009), e desempenha um papel vital na dieta humana (Saifullah & Rabbani 2009). O consumo de frutos jovens e imaturos de quiabo é importante como frutos frescos, e pode ser consumido de diferentes formas (Ndunguru & rajabu 2004) Os frutos podem ser cozidos, fritos ou cozinhados (Akintoye *et al.* 2011). O consumo de frutos de quiabo por 100 g de porção comestível (81% do produto como comprado, extremidades aparadas) é: água 88,6 gm, energia 144,00 kJ (36

Kcal), proteína 2,10 gm, hidratos de carbono 8.20 gm, gordura 0.20 gm, fibra 1.70 gm, Ca 84.0 mg, P 90.00 mg, Fe 1.20 mg, Beta-caroteno 185.00 ^g, riboflavina 0.08 mg, tiamina 0.04 mg, niacina 0.60 mg, ácido ascórbico 47.00 mg. As PGPR promovem diretamente o crescimento das plantas, quer modulando os níveis de hormonas vegetais. Ou facilitando a aquisição de recursos (azoto, fósforo e minerais essenciais) ou indiretamente, diminuindo os efeitos inibitórios de vários agentes patogénicos no crescimento e desenvolvimento das plantas sob a forma de agentes de biocontrolo (Glick 2012).

As estirpes *de Azotobacter* desempenham um papel fundamental no aproveitamento do azoto atmosférico através da sua nitrificação nas raízes. Foi também referido que melhoram o estado de fertilidade do solo. As bactérias aeróbias pertencentes ao género *Azotobacter* representam um grupo diversificado de microrganismos diástricos (com a capacidade de utilizar o N2 como única fonte de azoto) de vida livre que ocorrem habitualmente no solo. Nos solos indianos, a população de *Azotobacter* não é superior a 10^5 grama de solo. A população de *Azotobacter* é sobretudo influenciada por outros microrganismos e por factores bióticos/abióticos do solo. *A Azotobacter* também produz algumas substâncias, antagonizando assim os agentes patogénicos das plantas, tais como *Alterneria*, Fusarium e *Helminthosporium*, etc. Por conseguinte, *a Azotobacter* também actua como agente de controlo biológico para a gestão de diferentes doenças das plantas. *A Azotobacter* isolada da rizosfera de certas plantas foi adoptada para sobreviver na zona radicular de diferentes plantas, como o arroz, o trigo, a cana-de-açúcar, o chá, o milho, os legumes, os frutos, as flores e as árvores florestais. Os efeitos benéficos das *Azotobacter* não se devem apenas à sua capacidade de fixar o azoto atmosférico, mas também de segregar substâncias de crescimento e antibióticos antifúngicos, que melhoram o estado das plantas nos campos inoculados através da inibição dos agentes patogénicos das raízes. De facto, *as Azotobacter têm* efeitos benéficos no rendimento das plantas, devido à sua capacidade de fixar azoto (Tejera *et al.* 2005), solubilizar fosfatos (Hayat *et al.* 2010 e Farajzadeh *et al.* 2012) e à secreção microbiana de fitohormonas estimulantes, como giberelinas, auxinas e citocininas (Hayat *et al.* 2010 e farajzadeh *et al.* 2012). A Azotobacter também produz antibióticos antifúngicos, ou seja, substâncias fungistáticas com um espetro ativo de placa e inibe o crescimento de *fusarium, Aspergillus, Helminthosporium, Alterneria, cephalosporium, Rhizoctonia* e *sclerotium rolfsii*. Por conseguinte, a presente experiência foi realizada com os seguintes objectivos: descobrir o isolado eficaz de *Azotobacter sp.* como agente de promoção do crescimento das plantas (PGP), bem como o biocontrolo do rastreio in vitro e da atividade antagonista em Bengala Ocidental.

A Pseudomonas fluorescens pertence a um grupo de saprófitas comuns, não patogénicas, que colonizam o solo, a água e a superfície das plantas. Trata-se de uma bactéria gram-negativa comum, em forma de bastonete. Como o seu nome indica, segrega um pigmento fluorescente esverdeado solúvel chamado fluoresceína, particularmente em condições de baixa disponibilidade de ferro. É um aeróbio obrigatório, com exceção de algumas estirpes que podem utilizar NO3 como aceitador de electrões em vez de O2. *A Pseudomonas fluorescens* pertence às *rizobactérias* promotoras do crescimento das plantas (PGPR), um grupo importante de bactérias que desempenham um papel importante na promoção **do crescimento** das plantas, na indução de resistência sistémica, no controlo biológico de agentes patogénicos, etc. Sabe-se que muitas estirpes de *Pseudomonas fluorescens melhoram a* promoção do crescimento das plantas e reduzem a gravidade de várias doenças (Ganeshan e Kumar 2006).

A utilização da torta de sementes de nim, que é uma forma de adubo orgânico, tornou-se imperativa. A torta de sementes de nim (*Azadirachta indica*) (resíduo de sementes de nim após extração de óleo), quando adicionada ao solo, não só melhora o solo com matéria orgânica, mas também reduz as perdas de azoto ao inibir a nitrificação. Aumenta o rendimento das culturas a longo prazo, é um excelente condicionador do solo e não tem efeitos negativos no ambiente (Lokanadhan *et al.* 2012).

Tendo em conta o que precede, o presente inquérito foi realizado com os seguintes objectivos

(1) Estudar o efeito de inoculantes de sementes na germinação de sementes de quiabo.

(2) Estudar os efeitos dos inoculantes de sementes no vigor das plântulas de quiabo.

(3) Estudar os efeitos dos inoculantes de sementes no rendimento das sementes de quiabo.

REVISÃO DA LITERATURA

As PGPR (bactérias rizóticas promotoras do crescimento das plantas) são bactérias colonizadoras de raízes que se sabe influenciarem o crescimento das plantas através de vários mecanismos directos ou indirectos. O reconhecimento das PGPR, um grupo de bactérias benéficas para as plantas, como potencialmente úteis para estimular o crescimento das plantas e aumentar o rendimento das culturas, evoluiu ao longo de vários anos até ao ponto em que, atualmente, os investigadores são capazes de as utilizar repetidamente com sucesso na experiência de campo.

Foi feita uma tentativa de fazer uma breve revisão do trabalho de investigação realizado na Índia e no estrangeiro sobre *Azotobacter* sp. *e Pseudomonas sp* Neem cake. E o seu efeito na germinação de sementes, no vigor das plântulas, no crescimento das plantas, na produção de sementes e nos seus caracteres de atribuição da cultura do quiabo

A literatura disponível pertinente para o presente inquérito foi analisada e apresentada nas seguintes rubricas:

2.1 *Pseudomonas*

2.2 *Azotobacter*

2.3 Bolo de neem

2.4 *Pseudomonas* +*Azotobacter*

2.5 *Pseudomonas* + Bolo de Neem

2.6 *Azotobacter* + Bolo de Neem

2.7 *Pseudomonas* + *Azotobacter* + Bolo de Neem

2.1 *Pseudomonas*

Dubey (2002) relatou que a aplicação de 60 kg de P2O5 foi superior à aplicação de Pseudomonas striata ou Pseudomonas striata mais *Aspergillus awamori* no que diz respeito à produção de sementes e palha, absorção de nitrogénio, fósforo e potássio na soja de sequeiro. O estado de fertilidade após a colheita da soja indicou que o azoto disponível foi melhorado de 7,7-30kg/ha.

Swain *et al.* (2003) realizaram uma experiência de campo num solo argiloso fracamente ácido de Bhubaneswar durante o *kharif* 200 para estudar o efeito integrado dos bio-inoculantes e do azoto fertilizante no crescimento, rendimento e economia de azoto da cultura do quiabo. Foram testados níveis graduados de azoto na presença ou ausência de bio-inoculantes (*Azotobacter e Azospirillum*). Os resultados mostraram que os tratamentos integrados tiveram melhor crescimento da cultura, maior absorção de nutrientes e rendimento de frutos frescos em comparação com o fertilizante isolado. O rendimento devido ao fertilizante N (50%) integrado com bio-inoculantes foi estatisticamente igual a 100% de fertilizante isolado. Assim, sugeriu uma poupança de 50% de fertilizante N devido à utilização de bioinoculantes. No entanto, a integração de bioinoculantes com níveis mais elevados de fertilizante N, *ou seja,* doses de 75 e 100% de N, produziu rendimentos significativamente mais elevados, ou seja, 76,7 e 87,0 q ha^{-1} da cultura do quiabo.

Sharma *et al.* (2008) referiram que o crescimento das plantas, nomeadamente o peso dos rebentos e das raízes e o comprimento dos rebentos do quiabeiro, foi significativamente afetado por vários tratamentos. O comprimento dos rebentos não foi, em geral, melhorado nos tratamentos, tendo sido inferior ao do controlo. No entanto, o comprimento do rebento melhorou em 14,0% no tratamento com carbofurano @ 2kg ha^{-1} e em 9,5% no tratamento com *Pseudomonas fluorescens* + carbofurano @ 2 kg ha^{-1} . O comprimento mínimo do rebento foi registado na aplicação combinada de pseudomonas fluorescens + pó de semente de neem + carbofurão @ 2 kg ha^{-1} . Pelo contrário, o peso do rebento melhorou em >100% com pseudomonas fluorescens + carbofurão @ 2 kg ha^{-1} e 54% com pseudomonas fluorescens + carbofurão @ 1kg ha^{-1} , enquanto a aplicação combinada de pseudomonas fluorescens + pó de semente de nim + carbofurão @ 2 kg ha^{-1} mostrou um peso de rebento fraco em relação ao controlo.

O baixo comprimento do rebento traduziu-se num baixo peso do rebento apenas com pseudomonas fluorescens e, assim, nem melhorou o comprimento do rebento nem o peso do rebento. Apesar da diminuição do comprimento e do peso dos rebentos, o peso da raiz foi melhorado em 26% apenas com pseudomonas fluorescens. Ou quando combinado com carbofuron @ 1 kg ha^{-1} que é provavelmente devido ao alto número de galhas ou alta multiplicação de nematóides. A melhoria máxima no peso da raiz foi registada com pseudomonas fluorescens + carbofurão @ 2 kg ha^{-1} em que o comprimento e o peso dos rebentos também foram mais elevados.

Sundari e Gandhi (2017) realizaram uma experiência no campo agrícola, Karaikal, durante a estação de junho-setembro, para observar a eficácia de endófitos bacterianos isolados das raízes de Bhindi como inoculação microbiana em sementes no crescimento, rendimento e algumas constituições bioquímicas de bhendi cv. Arka Anamika [*Abelmoschus rsculentus* (L) Moench] e os resultados revelaram que a altura da planta, o número de ramos, o número de folhas, o número de flores, o número de frutos, o peso do fruto, o comprimento do fruto, o diâmetro do fruto e o rendimento/parcela foram registados ao máximo em T7 e provaram que a aplicação de inoculantes microbianos e a sua combinação com fertilizantes inorgânicos influenciaram significativamente o crescimento, o rendimento, a qualidade e os conteúdos bioquímicos do bhendi. As taxas de aplicação combinadas de 75% de fertilizantes químicos com Azospirillum braziliense e pseudomonas fluorescens deram o melhor desempenho do bhendi em comparação com outros tratamentos. A partir dos resultados, os inoculantes microbianos reduzirão o orçamento do agricultor para a fertilização da cultura e a inclusão de fertilizantes orgânicos na combinação certamente garantirá a produção da cultura em um ambiente menos poluído.

Rai et al. (2019) realizaram uma experiência na Quinta de Sementes do Distrito, Bidhan Chandra Krishi Viswavidyalaya, Kalyani, Nadiya, Bengala Ocidental, no verão de 2011 e 2012. A biopreparação foi feita antes da sementeira com Trichoderma viride e pseudomonas fluorescens, com um controlo sem preensão, para avaliar a tendência das variedades de quiabo, nomeadamente Lalu, Arka Anamika, Ramya, Satsira, Lady, Debpusa jhar, Japni Jhar e Barsha Laxmi, devido à biopreparação das sementes para a produção de legumes. A variedade de quiabo Lalu deu o maior rendimento vegetal por planta em ambos os anos e foi estatisticamente igual à Arka Anamika. O rendimento de legumes por planta aumentou de 4,33 a 20,08% no primeiro ano e de 3,68 a 19,60% no segundo ano com T. viride, em comparação com P. Fluorescens e com o controlo não preparado. As variedades individuais indicaram que o rendimento de legumes por planta foi máximo com Lalu quando a preparação foi feita com ambos os bio-inoculantes, seguido por Arka Anamika durante ambos os anos. Assim, o Lalu e o Arka Anamika podem ser recomendados para a região da experiência para um rendimento mais elevado e pode ser recomendada a bio-inoculação das sementes antes da sementeira com ambos os T. viride e P. fluorescens para um maior rendimento de legumes do quiabeiro.

2.2 *Azotobacter*

Sharma e Thakur (2001) realizaram uma experiência sobre azoto e *Azotobacter* para avaliar os efeitos no crescimento e no rendimento do tomate. Relataram que a aplicação de *Azotobacter* aumentou significativamente o número de ramos e frutos por planta, a altura das plantas, a biomassa radicular, a produção de frutos por parcela, a produção por hectare e a absorção de azoto na fase de floração. Entre os tratamentos, o rendimento máximo por hectare ocorreu com a inoculação de *Azotobacter*. Ela registou que a produção de frutos foi mais elevada nas plântulas criadas a partir de sementes tratadas com *Azotobacter e administradas* com 150 kg N/ha em diferentes divisões na plantação, e 30, 45 e 60 dias depois. As plantas de controlo (sem fertilizantes N, sem tratamento de sementes) produziram 13,39 t/ha e as mergulhadas no inóculo de *Azotobacter* 20,35-25,97 t/ha, dependendo da taxa de azoto.

Kadar *et al.* (2002) observaram que, para além da fixação de azoto, *as Azotobacter* também produziam riboflavina, tiamina, giberelinas e ácido indol acético. Quando *a Azotobacter* é aplicada às sementes, a germinação das sementes melhora consideravelmente, pelo que também controla as doenças das plantas devido a estas substâncias produzidas pela *Azotobacter.*

Amar *et al.* (2003) fizeram experiências com quatro níveis de fertilização mineral e três biofertilizantes na qualidade e rendimento do tomate. Observaram que a aplicação combinada de fertilizantes minerais e biofertilizantes aumentou significativamente o crescimento vegetativo, o total de frutos e a produção de frutos. A aplicação de Azospirillum, Bacillus megatarium e azotobacter na produção de tomate em solos arenosos recentemente recuperados pode reduzir a quantidade necessária de fertilizante mineral sem reduzir a qualidade ou a produtividade do tomate, minimizando assim o elevado custo dos fertilizantes químicos e a poluição do ambiente agrícola.

Nuruzzaman M *et al.* (2003) realizaram uma experiência no laboratório de campo do Departamento de Botânica de Culturas, Universidade Agrícola do Bangladesh, Mymensingh, de março a julho de 2001, para investigar a influência dos biofertilizantes na morfologia dos caracteres do quiabeiro. A experiência foi organizada num esquema de blocos completos aleatórios com quatro repetições. Houve nove tratamentos, tais como T0 (controlo), T1 (*biofertilizante Azotobacter*), T2 (*biofertilizante Azospirillum*), T3 (*biofertilizantes Azotobacter+Azospirillum*), T4(Azotobacter+estrume de *vaca 5 ton* ha^{-1}), T5(Azospirillum+estrume de vaca 5 ton ha^{-1}), T_6 (Azotobacter+Azospirillum+estrume *de vaca* 5 ton ha^{-1}), T_7 (estrume de vaca 5 ton ha^{-1}), e T8(60% Azoto). Os resultados experimentais revelaram que existem variações significativas entre os tratamentos no que diz respeito aos caracteres morfológicos, por exemplo, altura da planta, número de folhas/planta, diâmetro da base do caule, comprimento da raiz principal e caracteres físicos como, peso seco da raiz, índice de área foliar e taxa de crescimento da cultura, número de folhas/planta, diâmetro da base do caule, comprimento da raiz, peso seco da raiz, índice de área foliar e taxa de crescimento da cultura, onde se verificou que T4, T5, T6 e T8 foram mais elevados do que os outros. Em todos os parâmetros, T8 deu o mesmo resultado que os biofertilizantes em combinação com tratamentos de estrume de vaca e T7 mostrou ser idêntico a T0 (controlo). Os tratamentos com biofertilizantes não tiveram efeito significativo no peso de 1000 sementes (g). Os resultados das experiências acima mencionadas revelaram que os caracteres morfofisiológicos do quiabeiro podem ser modificados pela aplicação de biofertilizantes + os tratamentos com estrume de vaca foram comparáveis ao T8 (60% de azoto) neste estudo. Isto sugere que os tratamentos T4, T6 ou T5 foram mais benéficos para o cultivo ecológico do quiabeiro e podem ser usados como alternativa ao azoto orgânico, poupando custos de produção e mantendo a produtividade.

Zaied *et al.* (2003) observaram o efeito de inoculados bacterianos no crescimento e rendimento do trigo de inverno utilizando 3 estirpes de *Azospirillum,* 4 estirpes de *Azotobacter* e 7 novos transconjugantes recombinantes isolados de 5 híbridos intra-específicos. Os inoculantes registaram um aumento significativo do rendimento de grãos/espiga, da síntese de clorofila e do peso de 100 grãos.

Mirzakhani *et al.* (2009) realizaram uma experiência em três réplicas sobre inoculações de Mycorrhiza (sem e com inoculação por Glomus intraradices) e de Azotobacter (sem e com inoculação por Azotobacter chroococum) sob diferentes níveis de azoto e fósforo, em cártamo de primavera. A inoculação das sementes na data de plantação com Mycorrhiza e Azotobacter provocou um aumento do rendimento de grãos de cerca de 6,13% em relação ao tratamento de controlo. Concluiu que o rendimento das sementes e os componentes do rendimento do cártamo foram significativamente afectados pela inoculação com Mycorrhiza e Azotobacter.

Rawia *et al.* (2009) realizaram uma experiência em estufa para avaliar os efeitos de fertilizantes químicos (N e P) contra dois biofertilizantes contendo bactérias solubilizadoras de P (*Bacillus megaterium*) e bactérias fixadoras de N (*Azotobacter chroococcum*) e ATP (trifosfato de adenosina) nos parâmetros de crescimento e na qualidade da fração de ácidos gordos de Matthiolaincana. O uso de biofertilizante resultou na maior altura e biomassa das mudas. Este estudo também indicou que a aplicação de biofertilizante teve efeitos semelhantes aos tratamentos com fertilizantes químicos.

Mal *et al.* (2014) avaliaram o efeito de diazotrofos e fertilizantes químicos nos caracteres que atribuem rendimento e na economia do cultivo de quiabo. A aplicação da dose mais alta de NPK @100% em combinação com vermicomposto (5 t ha^{-1}) e biofertilizantes com FYM aumentou consideravelmente a produção de frutos de quiabo (cultivar Mahyco-10) com rendimento variando entre 80,00 q ha^{-1} a 227,13 q ha^{-1} e 80,49 q ha^{-1} a 229,62 q ha^{-1} durante 2010 e 2011, respetivamente. No quiabo cv. Utkal Gaurav, o rendimento de frutos variou de 47,68 q ha^{-1} a 129,84 q ha^{-1} em 2010 e 47,27 q ha^{-1} a 131,35 q ha^{-1} em 2011. No que diz respeito ao retorno líquido, o maior lucro líquido de Rs 87.630 e Rs. 89.370 ha^{-1} do quiabo foi realizado sobre um investimento de Rs. 71.360 ha^{-1} durante ambos os anos com uma relação custo-benefício de 2,23 e 2,25 quando 100% NPK integrado com vermicomposto @5t ha^{-1} e biofertilizantes com FYM aplicados no quiabo cv.Mahyco-10. O maior retorno líquido de Rs. 14.350 em 2010 e Rs. 15.260 em 2011 com um investimento de Rs. 63.550 em cada ano foi encontrado na cultivar Utkal Gaurav sob o maior nível de aplicação de nutrientes.

Sahu *et al.* (2014) os resultados indicaram que os caracteres que contribuem para o crescimento vegetativo (altura da planta, número de ramos primários e secundários e área foliar por planta) foram influenciados pela combinação de 100% K e 75% NP juntamente com Azotobacter, Azospirillum e PSB. Os caracteres que contribuem para o rendimento foram encontrados no máximo com a combinação de 100% K e 75% NP, juntamente com Azotobacter,

Azospirillum e PSB, que tiveram melhor desempenho, respetivamente, em todos os tratamentos. O melhor tratamento foi 75% NP+100%K+Azotobacter, Azospirillum e PSB do que todos os outros tratamentos estudados nesta investigação.

Sahu *et al.* (2014) a presente experiência foi realizada na Horticulture Research Farm, Department of applied plant science (Horticulture), Babasaheb Bhimrao Ambedkar University, Lucknow (U.P.) durante 2012-2013. A experiência foi conduzida num desenho de blocos aleatórios com dez tratamentos replicados três vezes. O tratamento inclui diferentes biofertilizantes (*Azospirillum, Azotobacter e PSB*) com fertilizantes inorgânicos (N, P, K). Os resultados mostraram que a aplicação de PSB juntamente com *Azotobacter* e dose completa de nitrogénio, potássio e meia dose de fosfatos resultou num crescimento significativamente vigoroso e também aumentou o rendimento do quiabo.

Choudhary et al. (2015) o estudo permitiu concluir que os parâmetros máximos de crescimento, o rendimento mais elevado e os caracteres que atribuem rendimento ao quiabo podem ser alcançados através da aplicação judiciosa de biofertilizantes e fertilizantes químicos.

2.3 *Bolo de neem*

Bairwa *et al.* (2009) o quiabeiro produziu o maior número de frutos (18,36), produção de frutos (182,50 g planta^{-1} e 135,18 q ha^{-1}), peso do fruto (17,65 g), comprimento do fruto (12,26 cm) e espessura dos frutos (1,898 cm) com a aplicação de torta de neem 6 q ha^{-1} + vermicomposto 10 q ha^{-1} + *Azotobacter* + PSB + 60% da dose recomendada de NPK através de fertilizantes inorgânicos. Da mesma forma, o conteúdo de clorofila total das folhas aos 30 e 60 DAS (0,311 e 0,390 mg g^{-1} peso fresco) respetivamente, nitrogénio (2,275%), fósforo (1,060%) e conteúdo de potássio das folhas (1,443%) e conteúdo de proteína do fruto (1,86 g 100 g^{-1}) também foram mais elevados com o mesmo tratamento de gestão integrada de nutrientes. A gestão integrada de nutrientes foi a melhor em comparação com a gestão de nutrientes através de fontes inorgânicas e orgânicas.

Bairwa *et al.* (2009) a aplicação de 60% da dose recomendada de NPK através de fertilizantes inorgânicos + torta de neem a 0,6 toneladas/ha + vermicomposto a 1 tonelada/ha +Azotobacter + bactérias solubilizadoras de fosfato resultou em altura máxima da planta significativamente aos 30, 60 e 90 dias após a semeadura (38,80, 57,65 e 77,48 cm respetivamente), diâmetro da base do caule (2,25 cm), número de ramos primários (5.49), número total de nós frutíferos/planta (19,18), teor de clorofila total nas folhas aos 30 e 60 dias após a sementeira (0,311 e 0,390 mg/g de peso fresco, respetivamente), teor de NPK por cento nas folhas após a colheita final (2,275, 1,060 e 1,443, respetivamente), número de frutos (18,36/planta), espessura do fruto (1,898 cm) e teor de proteína 1,86 g/100 g de peso fresco dos frutos. A produção de frutos aumentou 29,30%, com a maior relação custo-benefício (3,19) para este tratamento.

Eifediyi *et al.* (2015) os solos da savana meridional da Guiné são geralmente inférteis devido ao baixo rendimento (182,50 g/planta e 13,51 toneladas/ha), peso dos frutos (17,65 g), comprimento dos frutos (12,26 cm), cobertura vegetal, erosão do solo e baixo teor de matéria orgânica devido aos constantes incêndios florestais, pelo que os agricultores se deslocam para perto de ribeiros e rios na estação seca, onde o quiabo é cultivado por irrigação. Foram realizadas experiências de campo na quinta de ensino e investigação da Universidade de llorin, llorin Nigéria, durante as épocas de cultivo de 2012 e 2013, para avaliar os efeitos da torta de sementes de nim no desempenho do quiabo. A torta de sementes de nim foi incorporada no solo uma semana antes da sementeira das sementes de quiabo à taxa de 0,1,2,3e 4t/ha, a experiência foi desenhada em blocos completos aleatórios, replicada três vezes. Foram recolhidos dados sobre parâmetros de crescimento (altura da planta, número de folhas e número de ramos) e parâmetros de rendimento (comprimento e perímetro do fruto, número de frutos por planta, peso do fruto por planta e peso do fruto por hectare). O resultado indicou que a aplicação da torta de sementes de nim afectou significativamente os parâmetros de crescimento e rendimento que foram avaliados com a aplicação da torta de sementes de nim. No entanto, o maior rendimento foi obtido com 3t/ha. A média percentual para os dois anos combinados foi de 75,81% sobre o controlo.

Rakibuzzaman et al. (2019) a experiência conduzida com quatro tratamentos viz. Controlo (T0), Natura-one (T1), óleo de Neem (T2) e óleo de Neem+ Natura one (T3) seguindo o Randomized Complete Block Design (RCBD) com três réplicas. Este estudo foi realizado para examinar diferentes caracteres, como altura da planta, número de ramos, ramos infestados, infestação de ramos (%), número de folhas/planta, percentagem de clorofila, número de flores/planta, número de frutos/planta, frutos infestados, infestação de frutos (%), rendimento/planta (kg), rendimento/ha (tonelada) e aumento do rendimento (%) em relação ao controlo da beringela. Menor número de rebentos e frutos infestados (0,2 e 0,2 planta-1, respetivamente) e percentagem (11,9 e 16,9, respetivamente) foram encontrados em T3. O rendimento mais elevado (57,3 t ha-1) e o aumento da percentagem de rendimento em relação ao controlo (13,47%) também foram encontrados no tratamento T3. Tendo em conta o desempenho geral, a aplicação foliar de óleo de neem e natura one tem potencial para combater os danos causados por insectos, bem como aumentar o rendimento.

Pseudomonas + Azotobacter

Khanna *et al.* (2006) realizaram uma experiência de campo em Ludhiana para avaliar o efeito da inoculação de Rhizobium e PGPR (rizobactérias promotoras do crescimento de plantas), ou seja, Pseudomonas diminuta [Brevundimonas diminuta] KB133, RB1, LK884, Pseudomonas sp. CRB2, Klebsiella sp. RB2, e P. fluorescens CRB1, no rendimento de grãos e nodulação em lentilha cv. LL-147. A inoculação de Rhizobium sozinha aumentou significativamente o peso seco 57mg/planta e o número (30/planta) de nódulos em relação ao controlo não inoculado (48mg/planta e 25/planta). A inoculação dupla de PGPR e Rhizobium mostrou um aumento significativo no peso seco dos nódulos e no rendimento de grãos (1681 kg/ha) em relação ao Rhizobium sozinho (1597 kg/ha), no entanto, um aumento marginal no número de nódulos. Dos seis isolados de PGPR, apenas dois CRB1 e RB2 mostraram um aumento significativo no rendimento de grãos (7,9%) e no peso seco dos nódulos (25-30%) em relação à inoculação apenas com Rhizobium.

Tran *et al.* (2007) observaram que a aplicação de inoculantes líquidos de bactérias solubilizadoras de fosfato (Pseudomonas sp.) e bradyrhizobia (Bradyrhizobium japonicum) em sementes de soja antes da sementeira + 20 kg N/ha aumentou o peso fresco, o peso seco dos nódulos e a componente de rendimento.

Singh *et al.* (2008) realizaram uma experiência para conhecer o desempenho relativo de 3 genótipos (Shalimar Masoor 1, SKL 16 e SKL 9) e os métodos de nodulação e inoculação no crescimento, rendimento, absorção de azoto e fósforo da lentilha. A inoculação de Rhizobium com métodos de inoculação no solo e nas sementes melhorou significativamente o crescimento, o rendimento de grãos, o rendimento de palha, os atributos de rendimento, a absorção de azoto e fósforo e a nodulação da lentilha. A inoculação com Pseudomonas, quer no solo, quer nas sementes, registou um peso seco e um número de nódulos nitidamente superiores em todos os intervalos, bem como o crescimento, o rendimento e os atributos de rendimento em relação ao controlo não inoculado. A inoculação de sementes com Pseudomonas aumentou marcadamente o peso do grão/planta (1,45 g), o rendimento do grão (0,75 t/ha), o grão/vagem (1,69), a produção de matéria seca (142,6 g/m linha), o rendimento da palha, a nodulação e a absorção de azoto e fósforo, em todos os intervalos sobre a inoculação do solo com Pseudomonas, que foi igual em termos de dias para a floração e maturidade e vagens por planta. A inoculação dupla de Pseudomonas + Rhizobium com ambos os métodos registou um peso seco e um número de nódulos significativamente mais elevados, rendimento, atributos de rendimento e parâmetros de crescimento, absorção de azoto e fósforo em comparação com a inoculação individual com Pseudomonas e Rhizobium com os respectivos métodos.

Thakur *et al.* (2010) realizaram experiências de campo para avaliar diferentes adubos orgânicos e biofertilizantes nestes produtos hortícolas durante a época da colheita de 2008. Houve nove tratamentos: FYM, Vermicomposto, Biofertilizantes (Azotobactor, PSB e Rhizobium), FYM + Biofertilizantes, Vermicomposto + Biofertilizantes, Organofos, Fertimina, Convencional e Controlo não tratado. Os tratamentos para ambas as culturas foram os mesmos, exceto os biofertilizantes, que eram específicos da cultura. O estudo revelou que, entre todos os tratamentos, a aplicação combinada de vermicomposto e biofertilizantes aumentou o crescimento e o rendimento em ambas as culturas em comparação com o controlo não tratado. Este tratamento foi seguido pela aplicação de organofos. Também se observou que o tratamento convencional registou os rendimentos mais elevados em ambas as culturas; no entanto, este foi igual ao melhor tratamento em parcelas orgânicas, ou seja, (vermicomposto + biofertilizantes) no que diz respeito ao crescimento e rendimento do tomate e do feijão francês.

Prasad *et al.* (2016) para resultar numa maior concentração de nutrientes no solo e também para reduzir a poluição ambiental. Um número considerável de espécies bacterianas é capaz de exercer um efeito benéfico no crescimento das plantas. Os biofertilizantes combinados com adubo orgânico influenciam o crescimento das plantas, aumentando a biomassa das raízes; a superfície total das raízes facilita uma maior absorção de nutrientes e um aumento do rendimento, reduzindo o consumo de fontes naturais de energia. Os fertilizantes orgânicos provaram que a sua aplicação tem o potencial de aumentar a biomassa e a produtividade de uma vasta gama de culturas. Assim, foram revistos os resultados da investigação relativos a estes aspectos nas culturas hortícolas.

Choudhary *et al.* (2017) estudaram o efeito de biofertilizantes Azospirillum, Azotobacter e PSB e diferentes níveis de fertilidade de NPK no crescimento, rendimento e qualidade de Knol-khol (Brassica caulorapa L.). A experiência consistiu em 16 combinações de tratamentos, a saber, quatro níveis de fertilidade (controlo, 50%, 75% e 100% da dose recomendada de NPK) e quatro inoculações diferentes de biofertilizante (controlo, Azotobactor, Azospirillum e PSB). Entre os diferentes biofertilizantes, a inoculação de PSB conduz à altura máxima da planta, ao número de folhas por planta, ao diâmetro do botão, ao rendimento biológico por planta, ao peso médio do botão, ao volume do botão, ao rendimento do botão por hectare, ao teor de NPK no botão, ao teor de proteínas, ao ácido ascórbico e ao teor de clorofila em relação aos restantes biofertilizantes, mas ao mesmo nível que Azospirillum. A inoculação de Azotobacter também registou melhores resultados. Estes inoculantes bacterianos responderam com um aumento dos parâmetros de crescimento, rendimento e qualidade em comparação com o controlo. Assim, foram obtidos melhores resultados com a aplicação de inoculantes biofertilizantes.

Kumar Singh *et al.* (2018) para estudar o efeito integrado de bioinoculantes, fertilizantes orgânicos e químicos no crescimento, rendimento e economia do quiabo. Os dezasseis tratamentos integrados que consistem em fertilizantes químicos, orgânicos e biofertilizantes foram dispostos num desenho de blocos aleatórios replicado três vezes. Os resultados revelaram que a aplicação de 75 % de RDN através de fertilizante químico + 25 % de N através de vermicomposto + *Azotobacter* @ 20 g kg-1 de semente + PSB @ 20 g kg-1 de semente (T14) influenciou significativamente a maioria das características e registou os valores mais elevados de altura da planta, número de ramos por planta, comprimento do fruto, peso médio do fruto, número de frutos por planta, rendimento por hectare e relação B: C (1.62), exceto o número de nós até ao aparecimento da primeira flor, os dias decorridos até 50 % da floração e os dias até à primeira colheita, que foram mínimos no mesmo tratamento (T14). Os parâmetros de qualidade, *como* o ácido ascórbico, o SST e o teor de proteína bruta nos frutos, também foram mais elevados no tratamento T14. Assim, pode inferir-se que 25% do RDN só pode ser substituído por vermicomposto juntamente com a utilização de biofertilizantes (*Azotobacter* + PSB).

Rafique *et al.* (2018) para verificar a eficácia de diferentes PGPR no crescimento e rendimento do quiabo (*Abelmoshuses culentum*). Os tratamentos foram o controlo, a inoculação de *Azotobacter* sp, a inoculação de *Azospirillum* sp, a inoculação de *Bacillus* sp, a inoculação de *Pseudomonas* sp e a inoculação de *Rhizobium* sp. Os resultados revelaram que houve um efeito significativo de todos os inoculantes no crescimento e rendimento da cultura do quiabo. Foi registado um aumento de 23,5% e 21,0% na produção de vagens verdes com *Pseudomonas sp* e *Bacillus sp,* respetivamente. Foi observada uma consequência positiva em todos os outros parâmetros onde a inoculação de *Pseudomonas* foi aplicada em comparação com a não inoculação. Este estudo sugere que a PGPR pode ser um biofertilizante dinâmico para aumentar o rendimento do quiabo e de outras culturas agrícolas.

Salim et al. (2018) o experimento compreende diferentes doses de biofertilizantes (Azotobacter chroococcum e Pseudomonas fluorescens) 0,08, 0,14 e 0,28 g/planta para avaliar seu desempenho nas características de crescimento do brócolis. A experiência foi realizada em blocos completos aleatórios com quatro tratamentos e três repetições. A análise dos dados revelou que o número máximo de folhas no tratamento com biofertilizante, 0,28 (23,4), enquanto a área máxima de folhas maiores e o diâmetro da cabeça foram registados em todos os tratamentos com biofertilizante 0,08, 0,14 e 0,28 (415,9, 340,3 e 373,9 cm) e (15,5, 15,4 e 15,1 cm) em comparação com o controlo (108,8 cm) e (3,0 cm), respetivamente.

***Pseudomonas* + Bolo de Neem**

Dubey (2002) relatou que a aplicação de 60 kg de P2O5 foi superior, juntamente com Pseudomonas striata ou Pseudomonas striata mais Aspergillus awamori, no que diz respeito à produção de sementes e palha, absorção de nitrogénio, fósforo e potássio na soja de sequeiro. O estado de fertilidade após a colheita da soja indicou que o azoto disponível foi melhorado de 7,7-30 kg/ha.

Afzal *et al.* (2005) realizaram uma experiência para conhecer o efeito dos inoculantes de Pseudomonas sp. para melhorar a absorção de fósforo e o seu impacto no rendimento do trigo, em condições de sequeiro. Os tratamentos de Pseudomonas sp. resultaram num aumento estatisticamente significativo do teor de fósforo nas sementes (%), dos perfilhos por m2, do rendimento em grão e do rendimento biológico, em comparação com o controlo.

Nezarat *et al.* (2009) utilizaram seis estirpes bacterianas P. fluorescens estirpe R-93, P. putida DSM 291, P. putida estirpe R-168, P. fluorescens DSM 50090 como inoculantes de sementes de milho e observaram que estes inoculantes melhoraram significativamente o vigor da sementeira, a germinação das sementes, a área foliar, a altura da planta, o peso de 100 sementes, o peso seco e o número de sementes por espiga no milho.

Noumavo *et al.* (2013) relataram que a inoculação de sementes de milho com a combinação de Pseudomonas putida have e Pseudomonas fluorescens deu o melhor índice de vigor, maior percentagem de germinação, aumento da circunferência das plantas, número de folhas, matéria seca aérea e área foliar.

Usharani *et al.* (2014) relataram um crescimento máximo e rendimento de arroz no tratamento de (aplicação de sementes de Pseudomonas fluorescens + ácido salicílico aplicado em 30 dias).

Nikfarjam e Aminpanah (2015) observaram que o grão por vagem foi significativamente afetado por P. fluorescens e pela aplicação de fósforo, enquanto o rendimento em grão foi significativamente afetado por estirpe de P.

fluorescens. Na escassez de fósforo, o rendimento de grãos das plantas inoculadas não foi significativo em relação às plantas não inoculadas na fava.

Eifediyi et al. (2017) para determinar o efeito da torta de sementes de nim e do fertilizante NPK no desempenho da cultura do gergelim (Ex Sudan cv). Os tratamentos consistiram em três níveis de fertilizante NPK 20:10:10, aplicados a 0, 100 e 200 kg ha-1 e torta de semente de nim (NSC), aplicada a 0, 1, 2, 3 e 4 t ha-1. A experiência foi organizada num arranjo fatorial 3 x 5, replicado três vezes. Foram recolhidos dados sobre os parâmetros do solo (algumas propriedades físicas e químicas), parâmetros de crescimento da planta (altura da planta, número de folhas e área foliar) e componentes de rendimento (número de cápsulas por planta, peso de sementes por planta e peso de sementes por hectare). O resultado do estudo indicou que o uso do nível mais alto de aplicação de fertilizante NPK, torta de semente de nim e suas combinações aumentaram significativamente ($p<0,05$) o crescimento das plantas de gergelim, nos 2 anos de estudo. No entanto, os 100 kg ha-1 de NPK e 3 tha-1 e as suas combinações deram o maior rendimento e componentes de rendimento do sésamo durante o período de estudo. O resultado do estudo revelou que a utilização de níveis elevados de NPK, torta de sementes de nim e as suas combinações favoreceram o crescimento vegetativo em detrimento da formação de sementes. Os agricultores são, portanto, encorajados a usar moderadamente fertilizantes orgânicos e inorgânicos para evitar o crescimento vegetativo excessivo do gergelim.

Azotobacter + Bolo de Neem

Kachari e Korla (2009) realizaram uma experiência com três níveis de fertilizantes inorgânicos, NPK (100, 75 e 50 por cento da dose recomendada de NPK 125: 75: 65 kg/ha), inoculação de quatro biofertilizantes (viz., Azotobacter, Azospirillum, micorrizas vesiculares arbusculares, PSB) dose recomendada de FYM, ou seja, @ 25 t/ha e suas combinações. Foram registadas observações sobre os diferentes aspectos da planta, como caracteres de crescimento e desenvolvimento (altura da planta, comprimento da folha, largura da folha, área da folha, número de folhas, peso da folha, comprimento do caule, biomassa da raiz, dias para a formação da coalhada), caracteres que atribuem rendimento (tamanho da coalhada, altura da coalhada, peso bruto da coalhada, peso líquido da coalhada e rendimento por hectare). Embora os tratamentos tenham tido um desempenho diferente durante os dois anos de estudo, o azoto e o potássio deram resultados consistentes durante os dois anos no que diz respeito aos caracteres de crescimento e de rendimento.

Khan *et al.* (2009), a aplicação de inoculantes Azospirillum e Azotobactor em culturas hortícolas tem sido muito importante porque não só fixam o azoto atmosférico, como também produzem substâncias promotoras de crescimento, antibacterianas e antifúngicas (5, 8, 9). Em várias culturas, foram registadas melhorias significativas no crescimento, rendimento e qualidade dos produtos hortícolas em relação à aplicação de biofertilizantes. O PSB e o VAM teriam provocado uma maior solubilização e mobilização do fósforo insolúvel no solo, o que teria causado um aumento da absorção de fósforo pelas plantas. O crescimento e a produção melhorados pelos fungos VAM devem-se a uma maior disponibilidade de fósforo (6), a uma maior absorção de água pelas plantas e à influência das hormonas vegetais (2). A presente investigação teve, portanto, como objetivo estudar a resposta de Azospirillum, Azotobactor, PSB e VAM na couve-flor.

Singh *et al.* (2018) para estudar o efeito integrado de bioinoculantes, fertilizantes orgânicos e químicos no crescimento, rendimento e economia do quiabo. Os dezasseis tratamentos integrados que consistem em fertilizantes químicos, orgânicos e biofertilizantes foram dispostos num desenho de blocos aleatórios replicado três vezes. Os resultados revelaram que a aplicação de 75 % de RDN através de fertilizante químico + 25 % de N através de vermicomposto + *Azotobacter* @ 20 g kg^{-1} de semente + PSB @ 20 g kg-1 de semente (T14) influenciou significativamente a maioria das características e registou os valores mais elevados de altura da planta, número de ramos por planta, comprimento do fruto, peso médio do fruto, número de frutos por planta, rendimento por hectare e relação B: C (1.62), exceto o número de nós até ao aparecimento da primeira flor, os dias decorridos até 50 % da floração e os dias até à primeira colheita, que foram mínimos no mesmo tratamento (T14). Os parâmetros de qualidade, *como* o ácido ascórbico, o SST e o teor de proteína bruta nos frutos, também foram mais elevados no tratamento T14. Assim, pode inferir-se que 25% do RDN só pode ser substituído por vermicomposto juntamente com a utilização de biofertilizantes (*Azotobacter* + PSB).

Subedi *et al.* (2019) registaram que a aplicação das doses recomendadas de azoto juntamente com o biofertilizante aumentou significativamente os caracteres morfológicos e o rendimento em comparação com outros tratamentos. Além disso, o diâmetro do caule não foi significativo para os diferentes tratamentos. Seguiu-se a dose completa de NPK sem azotobacter e depois 50% de azoto com azotobacter, que foi estatisticamente igual a 25% de azoto com azotobacter, seguido de FYM + Azotobacter. O rendimento da coalhada, juntamente com todos os caracteres morfológicos, foi mais baixo no controlo. O rendimento da coalhada da couve-flor com a dose recomendada de azoto não diferiu significativamente do rendimento da coalhada registado com metade da dose recomendada de azoto com azotobacter. A descoberta demonstrou uma poupança de 50% de azoto que pode ser substituída pela aplicação de biofertilizante para aumentar o rendimento e os caracteres morfológicos.

Pseudomonas + *Azotobacter* + Bolo de Neem

Kader *et al.* (2002) observaram que, para além da fixação de azoto, as Azotobacter também produzem riboflavina, tiamina, giberelinas e ácido indol acético. Quando a Azotobacter é aplicada às sementes, a germinação das sementes melhora consideravelmente, pelo que também controla as doenças das plantas devido a estas substâncias produzidas pela Azotobacter.

Amer *et al.* (2003) fizeram experiências com quatro níveis de fertilização mineral e três biofertilizantes na qualidade e rendimento do tomate. Observaram que a aplicação combinada de fertilizantes minerais e biofertilizantes aumentou significativamente o crescimento vegetativo, a qualidade total dos frutos e a produção de frutos. A aplicação de Azospirillum, Bacillus megatarium e Azotobacter na produção de tomate em solos arenosos recentemente recuperados pode reduzir a quantidade necessária de fertilizante mineral sem reduzir a qualidade ou a produtividade do tomate, minimizando assim o elevado custo dos fertilizantes químicos e a poluição do ambiente agrícola.

Kamil *et al.* (2008) realizaram uma experiência para estudar a promoção do crescimento do arroz (Oryza sativa L.) devido à dupla inoculação de Piriformospora indica e Azotobacter chroococcum juntamente com vermicomposto. Foram investigados os efeitos no comprimento da raiz e do rebento, no peso fresco da raiz e do rebento, no peso seco da raiz e do rebento e no número de panículas. As plantas com dupla inoculação na presença de vermicomposto revelaram melhores efeitos positivos, em comparação com a inoculação simples de A. chroococcum, P.indica e vermicomposto. Isto sugeriu que a inoculação dupla de P. indica e A. chroococcum teve uma resposta benéfica no crescimento da planta de arroz.

Sharma *et al.* (2011) as variedades utilizadas para o estudo foram Summer Green de pepino, G-40 de Knol Khol, Early Green no caso dos brócolos e CR-45 de rabanete. O pepino registou o rendimento mais elevado de 213,85 q/ha com Neem Cake a 5 t/ha. Foi 17% superior à dose recomendada de fertilizantes químicos. Os rendimentos foram comparativamente baixos com estrume de quintal (FYM), vermicomposto e estrume de aves. Knol khol deu o máximo rendimento com a dose completa de NPK + tratamento de mudas com Azatobactor no momento do transplante com superioridade de 45% sobre a aplicação única de fertilizantes químicos. Os rendimentos foram baixos com os tratamentos orgânicos, mas a FYM com tratamento de plântulas com Azatobactor produziu satisfatoriamente ao nível de 253,3 q/ha. Os brócolos responderam bem ao tratamento com INM mas produziram o suficiente com FYM a 20 t/ha e estrume de aves de capoeira a 5 t/ha para justificar a sua consideração na produção biológica. O vermicomposto em combinação com meia dose de fertilizantes químicos teve um excelente resultado nos brócolos e no rabanete. No entanto, a aplicação de FYM e vermicomposto sozinho foi superior ao uso de fertilizantes químicos. Obteve-se uma vantagem de rendimento de 12 e 4% em relação à dose recomendada de fertilizantes químicos com a respectiva aplicação. As investigações revelaram que a utilização integrada de fontes de nutrientes é superior à aplicação isolada de fertilizantes químicos. O estudo indica um bom potencial para o cultivo biológico destes produtos hortícolas. São necessárias mais investigações para descobrir as permutações e combinações óptimas de diferentes fontes de nutrientes orgânicos, de modo a que os patamares de rendimento mais elevados sejam sustentados no sistema de produção orgânica.

Das et al. (2015) a experiência consistiu em onze combinações de tratamentos baseados em nutrientes, incluindo diferentes níveis de aplicações de fertilizantes inorgânicos (ureia, superfosfato simples e muriático de potássio), estrume orgânico (vermicomposto) e biofertilizantes (*Azotobacter* e PSB). A presente investigação indicou claramente o efeito benéfico da gestão integrada de nutrientes nos caracteres de rendimento e qualidade da cabaça de garrafa. O comprimento máximo da videira principal (226,00 cm), ramos por planta (5,67), número de frutos (10,00), peso do fruto (873,33 g), comprimento do fruto (21,07 cm) e diâmetro do fruto (8,18 cm) foram registados no tratamento que recebeu proporções iguais de N de fontes inorgânicas e orgânicas juntamente com biofertilizantes (*Azotobacter* e PSB). Os caracteres de qualidade, nomeadamente os sólidos solúveis totais (SST) e o ácido ascórbico nos frutos da cabaça foram melhorados da forma mais favorável devido à aplicação de 75% de N de fonte inorgânica e 25% de N de fonte orgânica juntamente com biofertilizante (PSB). Tendo em vista a sustentabilidade da produção, o equilíbrio do ecossistema, a melhoria da saúde do solo e a boa saúde dos seres humanos, pode sugerir-se que os produtores de produtos hortícolas, em especial na nova zona aluvial de Bengala Ocidental, possam suplementar 25-50% da dose recomendada de azoto através de vermicomposto na cultura da cabaça de garrafa, juntamente com biofertilizantes, *nomeadamente Azotobacter* e PSB.

Gupta *et al.* (2018) a presente investigação teve como objetivo determinar o efeito dos tratamentos INM no crescimento e rendimento das plantas de couve. Foi testado um número total de 16 combinações diferentes de INM durante a experiência. As observações indicam que a aplicação de 100% RDF mostrou um desempenho significativamente alto na altura da planta inteira (cm), número de folhas por planta, diâmetro da cabeça (cm) e rendimento (t / ha) em comparação com a aplicação de 75% RDF + bolo de Neem (2.5t / ha), 75% RDF + vermicomposto (5t / ha) e 75% RDF + FYM (25t / ha). Os resultados gerais sugerem que a aplicação de 75% de FTR + 2,5t/ha de bagaço de neem melhora a concentração mineral da planta através da fixação de azoto, alterando assim o rendimento e os atributos de rendimento da couve.

Kumar *et al.* (2018) estudaram o crescimento, o rendimento e os traços de qualidade do knol-khol cv. White Vienna influenciado por vários fertilizantes orgânicos, inorgânicos, biofertilizantes e suas combinações. O experimento foi realizado em delineamento de blocos casualizados com três repetições. A aplicação de 100% RDF + Azosprillum resultou em efeitos máximos e significativos em diferentes características hortícolas, a saber, dias necessários para a iniciação do primeiro botão, dias necessários para a colheita do primeiro botão, comprimento do botão, peso médio do botão e rendimento por parcela, em comparação com o controlo. Da mesma forma, 100% FTR + Azotobacter dá a maior altura de planta na colheita e diâmetro do botão em comparação com o controlo. Nos parâmetros de qualidade, o 100% FTR + bagaço de Neem apresentou o máximo de sólidos solúveis totais em relação aos outros tratamentos, enquanto o máximo de vitamina C foi registado no tratamento Azospirilium +

Azotobacter em comparação com o controlo. Os resultados mostraram que a utilização combinada de adubos orgânicos e inorgânicos e de biofertilizante é significativamente eficaz em termos de crescimento, rendimento e características de qualidade na produção de knol-khol.

Chaudhary *et al.* (2019) para avaliar o efeito de aplicações complementares e únicas de fertilizantes orgânicos e inorgânicos no crescimento e rendimento da cabaça de garrafa sob a sequência de culturas de quiabo-repolho-cabaça de garrafa. A experiência consiste em sete tratamentos, *a saber*T - Fertilizantes químicos 1 (120 Kg N: 60 Kg P O e 40 Kg K O); T - 2 5 2 2 50%NPK através de fertilizante inorgânico+50%N através de FYM; T -50% N através de FYM+50% 3 N através de VC; T -1/3 de N através de FYM + 4 VC + Neemcake; T -50% N através de FYM + 5 PSB + Azotobactor; T -T +PSB + Azotobactor 6 3 e T - T +PSB + Azotobactor. Estes sete tratamentos foram 7 4 replicados três vezes num esquema de blocos aleatórios. Os resultados revelaram que T -50%NPK através de fertilizante 2 inorgânico+50%N através de FYM registou 238,9 q ha-1 de produção de frutos, que foi estatisticamente igual ao resto das fontes de fertilizante, exceto T (173,4 q ha-1). No entanto, T -RDF 5 1 registou o máximo (247 q ha-1).

Kumar *et al.* (2019) a experiência consistiu em doze tratamentos*:* controlo, FYM (100%), V.C. (100%), FYM (50%) + Neemcake (50%), Rhizobium (50%) + V.C (50%), *Azotobactor* (50%) + Neemcake (50%), PSB(50%) + *Trichodarma* + *Azotobactor* (25%), *Trichodarma* (100%),

PSB (25%) + Rhizobium (25%) + *Trichodarma* (50%), V.C (25%)+ Bagaço de Neem (50%) + *Trichodarma* (25%), FYM (25%) + V C(25%) + *Trichodarma* (50%),V.C (50%) + Bagaço de Neem (25%) + *Trichodarma* (25%). Os resultados revelaram que a aplicação combinada de PSB (25%) + Rhizobium (25%) + *Trichodarma* (50%) aumenta a altura máxima da planta, o número de folhas por planta, os diâmetros dos bolbos, a espessura do colo do bolbo, o comprimento do bolbo, o número de escamas, o peso fresco do bolbo, o sólido solúvel total (S.S.T.) exceto o peso do bolbo e o rendimento nos tratamentos *Trichodarma* (100%) nas condições de Lucknow.

Rabarib *et al.* (2019) a experiência foi estabelecida em desenho de blocos aleatórios com diferentes dezassete tratamentos. Os resultados do experimento revelaram que, o mínimo de dias necessários para a germinação foi observado com os tratamentos T17 (100% de nitrogênio através de esterco de aves + *Azotobacter* + PSB + *Trichoderma viride*), T16 (100% de nitrogênio através de vermicomposto + *Azotobacter* + PSB + Trichoderma *viride*), T15 (100 % Azoto através de Bagaço de Rícino + *Azotobacter* + PSB + *Trichoderma viride*), T13 (100 % Azoto através de Estrume de Aves + PSB + *Trichoderma Viride*), T10 (100 % Azoto através de FYM + PSB + *Trichoderma viride*), T8 (100 % Azoto através de Vermicomposto + *Azotobacter* + *Trichoderma viride*) e T5 (100 % Azoto através de Estrume de Aves). O comprimento máximo da videira aos 45 DAS e na última colheita foi registado com 100 % de azoto através de estrume de aves + *Azotobacter* + PSB + *Trichoderma viride* (T17). O número máximo de ramos por videira foi registado com 100 % de azoto através de estrume de aves (T5). Por outro lado, a área foliar por videira aos 45 DAS não foi significativa. O número mínimo de flores masculinas por videira foi registado com a aplicação de 100 % de azoto através de FYM. Considerando que o número de flores femininas por videira e a razão sexual das flores masculinas e femininas não foram significativos.

Os resultados de Meena *et al.* (2019) revelaram que a altura máxima da planta (150,63 cm), o diâmetro do caule (30,1 mm), o número de botões florais (31,17), os dias de 50% de floração (41,33), o número de frutos por planta (17,63), o rendimento do fruto ha-1 (19,56 t ha-1), o peso fresco do fruto (15,53 g) foram registados na colheita com o tratamento RDF + vermicomposto (T13). O máximo de sólidos solúveis totais (2.950 Brix), ácido ascórbico (19.57 mg/100g), açúcar redutor (1.19%), açúcar não redutor (2.14%), açúcares totais (3.33%), proteína (16.50), fósforo (56.43 mg/100g), cálcio (69.90 mg/100mg), magnésio (50.22

mg/100g), foram registados com o tratamento RDF + vermicomposto. Os valores mínimos de atributos de rendimento, rendimento e parâmetros de qualidade foram registados no tratamento de controlo. O vermicomposto mostrou-se superior a outros adubos orgânicos e biofertilizantes no que diz respeito aos parâmetros de crescimento, rendimento e qualidade. Com base nos resultados, o tratamento RDF + Vermicomposto mostrou o melhor desempenho para o crescimento, rendimento e qualidade do quiabo nas condições de Lucknow. Os valores mais baixos de todos estes parâmetros foram registados no tratamento de controlo.

MATERIAIS E MÉTODOS

A presente investigação intitulada "EFEITO DOS BIOFERTILIZADORES NO CRESCIMENTO, RENDIMENTO E QUALIDADE DA OKRA" (Abelmoschus esculentus L.) Moench" foi realizada na quinta experimental do Centro Regional de Investigação Científica de Sementes, campus chauras Srinagar Garhwal, Distrito Pauri Garhwal (UK) H.N.B. Garhwal University Srinagar Garhwal Uttarakhand, 246174 durante a época Kharif, 2019.

3.1 Sítio experimental

A experiência foi realizada no Seed Science Research Center, campus de Chauras e Department seed science and technology, Srinagar Garhwal, District Pauri Garhwal, H.N.B. Garhwal University, Srinagar (Garhwal), Uttrakhand. Geograficamente, a área experimental situava-se no vale de Alakanda, que se situa entre 78047,30" de longitude E e 30013,0" de latitude N, mesmo no coração da região de Garhwal, a uma altitude de 540 m acima do nível médio do mar, na região dos Himalaias inferiores. Este vale tem cerca de 6 km de comprimento e 3-4 km de largura e é dividido em duas metades pelo rio sagrado Alakanda, que corre de nordeste para sudoeste. Fica a 132 km de Haridwar, na autoestrada Haridwar-Badrinath Dham (NH 58).

3.2 Clima e tempo

O clima da exploração de investigação é quase húmido e subtropical, o que resulta em Verões secos e Invernos rigorosos. Há nevoeiro denso de meados de novembro a meados de fevereiro. A precipitação é maior no verão do que no inverno. A temperatura mínima no inverno desce para 2 graus e atinge os 45 graus no verão.

As observações meteorológicas efectuadas durante o período experimental são apresentadas sob a forma de um quadro.

Meses	Temperatura média (0C)		Humidade média (%)		Precipitação
	Mínimo	**Máximo**	**Mínimo**	**Máximo**	**(mm)**
junho	24.87	38.57	25.61	69.53	0.91
julho	25.08	33.35	54.94	87.9	2.68
agosto	23.58	32.74	60.96	92.19	1.23
setembro	23.56	33.76	50.42	89.14	2.97
outubro	17.41	30.35	43.35	91.31	0.06
novembro	12.87	25.48	45.32	91.88	0.61
dezembro	7.66	19.89	45.9	93.55	1.46

3.3 Estado do solo

Antes de iniciar a experiência, foram recolhidas aleatoriamente amostras de solo de diferentes pontos do campo experimental, a uma profundidade de 0-15 cm, com a ajuda de um amostrador de núcleo portátil, e foi preparada uma amostra composta que foi analisada em relação a várias propriedades físico-químicas do solo.

Os métodos utilizados e os resultados obtidos para as características morfo-químicas importantes (iniciais) da área experimental estão resumidos na Tabela 3.3.

Quadro 3.1: Propriedades morfológico-químicas do solo antes da sementeira da cultura

Particularidades	Valor obtido	Método utilizado	Estado do solo
A. Análise mecânica (%)			
1. Areia 2. Lodo 3. Argila	45 30 25	(Internacional método da pipeta) (Piper, 1966)	A textura do solo é franco-arenoso.
B. Análise química			
1. Ph do solo	6.1	Medidor de pH digital	O solo é considerado ligeiramente ácido.
2. CE do solo	11.23	Medidor digital de condutividade	
3 Orgânico/() , carbono (%)	0.85	Método de oxidação húmida de Walkey e Black (Page et al.1982)	O solo é pobre em carbono orgânico.
4.N disponível (kg/ha)	87.5	Método de Kjeldhal modificado (Jackson 1973)	-
5.P disponível (kg/ha)	4.25	Método de Bray 1 (Page et al.1982)	-
6.Disponível K (kg/ha) K	134.87	Fotómetro de chama de acetato de amónio neutro (Page et al.1982)	-

3.4 Detalhes experimentais

O campo foi dividido em vinte e quatro camas e a atribuição do tratamento foi feita de forma aleatória, utilizando um número aleatório.

Quadro 3.2: Os pormenores do esquema experimental são apresentados a seguir

s.n.	Particularidades	Detalhes
1	Nome da cultura	Quiabo
2	Variedades	Arka anamaika
3	Conceção	Desenho de blocos aleatórios
4	N.º de réplicas	03
5	N.º de tratamentos	07
6	Espaçamento	45cm*25cm
7	Dimensão bruta da parcela	4,95m*3m

3.5 Configuração do campo experimental

O campo foi dividido em vinte e quatro camas e a atribuição do tratamento foi feita de forma aleatória utilizando um número aleatório.

Quadro 3.3: Os pormenores do esquema experimental são apresentados a seguir

RiTo	R2T1	R3T3
R2T7	R2T6	R1T1
R3T4	R1T3	R3T5
R2T5	R3T0	R1T2
R2T2	R3T7	R1T6
R3T6	R2T2	R3T4
R3T1	R1T5	R1T7
R2T3	R1T4	R2T0

3.6 Tratamentos

Havia 8 tratamentos que incluíam combinações orgânicas (estrume de quintal e bagaço de Neem) e biofertilizantes (*Pseudomonas* e *Azotobacter*), conforme detalhes abaixo:

Tabela 3.4: Tratamentos e respectivos pormenores

Código de tratamento	**Tratamentos e pormenores da sua combinação**
Para	Controlo
Ti	*Pseudomonas*
T2	*Azotobacter*
T3	Bolo de neem
T4	*Pseudomona* s + *Azotobacter*
T5	*Pseudomonas* + Bolo de Neem
T6	*Azotobacter* + Bolo de Neem
T7	*Pseudomonas* + *Azotobacter* + Bolo de Neem

3.7 Cultivo da cultura experimental

O calendário das diferentes operações de pré-sementeira e pós-sementeira efectuadas durante a época de cultivo e os pormenores da cultura são descritos a seguir.

3.8 Preparação do terreno

O campo experimental foi completamente lavrado e lavrado transversalmente com a ajuda de uma tábua de molde e a gradagem transversal foi feita com um trator. Depois disso, seguiu-se a plantação e o solo foi levado a uma boa camada. Foram preparados canteiros de 2x1,66 m^2 . Caminhos e canais também foram preparados de acordo com o layout do campo.

3.9 Aplicação do tratamento

3.9.1 Aplicação de adubo orgânico

1) **Estrume de quintal (FYM)**

A FYM foi aplicada à taxa de 10 t ha^{-1} e espalhada uniformemente na cama 2x1,66M^2 após o cálculo da sua quantidade e aplicada 15 dias antes da sementeira.

3.9.2 Biofertilizantes

Antes do tratamento, as sementes foram devidamente lavadas com água bidestilada e deixadas a secar. Em seguida, a solução de tratamento é feita em água bidestilada, misturando-se a dose recomendada de biofertilizante e a semente em água bidestilada no caso do *Azotobacter*, porque *o Azotobacter* está presente na forma líquida e, no caso das pseudomonas, a semente lavada e seca foi tratada com pseudomonas em pó. Após seis horas de tratamento, as sementes secam à sombra e depois são semeadas no campo.

3.10 Pormenores culturais

3.10.1 Semeadura de sementes

Duas sementes saudáveis foram mergulhadas a 2-3 cm de profundidade a 15 de junho de 2019, mantendo uma distância uniforme de 45x20 cm em canteiros planos. A taxa de sementes de quiabo foi de 10-12 kg/ha^{-1} . Foi feito um esforço para manter uma população uniforme de 16 plantas/parcela.

3.10.2 Irrigação

A cultura do quiabo requer humidade suficiente no solo para a germinação das sementes. Esta humidade foi mantida através de rega pesada antes da sementeira. A irrigação adicional foi dada a um intervalo de 6-10 dias, exceto durante o período de chuvas intermitentes.

3.10.3 Desbaste, monda e sachadura

Para manter uma população adequada de plantas, o desbaste foi efectuado aos 25 dias após a sementeira, deixando uma única planta. A sacha e a monda foram efectuadas duas vezes, ou seja, aos 30 e 50 dias após a sementeira.

3.11 Observações registadas

As observações relativas aos caracteres seguintes foram registadas em cinco plantas marcadas ao acaso em cada parcela e a sua média foi calculada para análise estatística. As plantas na linha exterior foram excluídas da seleção aleatória para evitar o efeito de fronteira. Os vários parâmetros de crescimento e rendimento foram registados da seguinte forma;

3.11.1 Parâmetros de crescimento

1. Percentagem de germinação
2. Altura da planta 30 dias após a sementeira
3. Dias até 50% de floração
4. Comprimento da raiz das plântulas
5. Comprimento dos rebentos das plântulas
6. Comprimento das plântulas
7. Altura da planta após 60 dias de sementeira
8. Índice de vigor das plântulas

3.11.2 Parâmetros de rendimento

1. Dias até à primeira colheita
2. Peso do fruto (gm)
3. Comprimento dos frutos (cm)
4. Diâmetro dos frutos (mm)
5. Número de frutos por planta
6. Número de sementes por fruto
7. Número de colheitas

8. Rendimento por planta (gm)
9. Rendimento por parcela (kg)
10. Rendimento por hectare (q/ha)
11. Índice de sementes (por 1000 sementes de peso)

3.11.1.1 Percentagem de germinação

Como foram apresentadas 16 sementes em cada parcela e o número total de parcelas foi 24, 8 parcelas em cada repetição e o número total de repetições foi 3. O número de sementes germinadas foi registado a cada 48 horas após o início da germinação até 10 dias. A percentagem de germinação foi calculada (Association of official Seed Analysis 1983) da seguinte forma

Percentagem de germinação = *Número ()!' de sementes germinadas*x 100
Número total de sementes

3.11.1.2 Altura da planta (cm)

A altura da planta foi medida aos 30 DAS e aos 60 DAS, da base da planta à ponta do rebento principal, numa escala métrica, e a altura média de cinco plantas marcadas foi registada como altura média da planta (cm).

3.11.1.3 Dias até 50% de floração

O tempo necessário para produzir 50% de flores em cada tratamento de cada repetição foi registado e os dias contados a partir da data de sementeira.

3.11.1.4 Comprimento da raiz das plântulas

30 plântulas normais foram seleccionadas aleatoriamente no 30° dia da sementeira de cada repetição ou 5 de cada tratamento. O comprimento da radícula (cm) foi medido com a ajuda de uma escala de medição e o comprimento médio da raiz foi calculado.

3.11.1.5 Comprimento dos rebentos das plântulas

O comprimento do rebento (cm) foi medido com a ajuda de uma balança em 30 plântulas seleccionadas aleatoriamente de cada repetição. O valor foi obtido através do cálculo da média de 30 plântulas para cada repetição.

3.11.1.6 Comprimento das plântulas

O comprimento da plântula (cm) foi tomado após um mês de sementeira, obtido pela adição do comprimento da raiz e do rebento registados anteriormente.

3.11.1.7 Índice de vigor das plântulas

O índice de vigor das plântulas foi calculado de acordo com a seguinte fórmula

Germinação padrão (%) x Comprimento da plântula (cm).

3.11.2 Parâmetros de rendimento

3.11.2.1 Dias até à primeira colheita

O número de dias entre a sementeira e os dias necessários para a primeira colheita comercializável foi registado em cada repetição.

3.11.2.2 Peso dos frutos (gm)

Na altura da colheita dos frutos, foram seleccionados aleatoriamente cinco frutos de cada parcela e foi calculado o peso médio dos frutos.

3.11.2.3 Comprimento do fruto (cm)

A média de cinco frutos seleccionados aleatoriamente. O comprimento dos frutos foi medido com a ajuda de uma escala centimétrica do topo à base do fruto no momento da primeira colheita e depois foi calculada a média.

3.11.2.4 Diâmetro do fruto (mm)

O diâmetro médio de cinco frutos seleccionados aleatoriamente foi medido com a ajuda de um compasso de calibre venire a partir do topo do fruto, do meio e da ponta do fruto e a média foi calculada.

3.11.2.5 Número de frutos por planta

O número de frutos por planta foi contado desde a primeira colheita até à última colheita em cinco plantas seleccionadas aleatoriamente de cada tratamento por repetição e a média foi calculada.

3.11.2.6 Número de sementes por fruto

O número de sementes foi contado em cinco frutos de cada cinco plantas seleccionadas ao acaso e a média foi calculada.

3.11.2.7 Número de colheitas

O número de colheitas foi contado desde a primeira colheita até à última colheita de cada tratamento por repetição e a média foi calculada.

3.11.2.8 Rendimento por planta (kg)

Depois de cada colheita, o peso total dos frutos por planta de cinco plantas marcadas sob tratamento foi registado separadamente após cada colheita e depois somado para obter o rendimento médio dos frutos por planta.

3.11.2.9 Rendimento por parcela (kg)

O peso dos frutos por planta de cinco plantas marcadas em cada tratamento foi registado separadamente após cada colheita e somado para obter a produção média de frutos por planta e, em seguida, o número obtido foi multiplicado pelo número total de plantas apresentadas num tratamento.

3.11.2.10 Rendimento por hectare (Qt/ha)

O peso dos frutos por hectare de cinco plantas marcadas em cada tratamento foi registado separadamente após cada colheita e somado para obter o rendimento médio de frutos por hectare, sendo depois multiplicado pelo número total de plantas de um tratamento e convertido em q/ha.

3.11.2.11 Índice de sementes (peso de 1000 sementes de quiabo)

Após a secagem das sementes, 1000 sementes seleccionadas ao acaso foram pesadas numa balança eletrónica. Cinco plantas seleccionadas ao acaso para cada tratamento por repetição e a média foi calculada.

3.14. Análise estatística

Os dados foram analisados de acordo com o procedimento de análise do delineamento em blocos casualizados com três repetições (Snedecor e Cochran, 1961). A significância da variação entre os tratamentos foi observada através da aplicação da análise de variância (ANOVA) e do teste de diferença crítica (D.C.) ao nível de 5% de probabilidade. (Os dados foram analisados de acordo com o procedimento de análise de RBD com três repetições (Snedecor e Cochran, 1961). A significância da diferença entre os tratamentos foi verificada através da aplicação da análise de variância (ANOVA) e do teste de diferença crítica (D.C.) ao nível de 5% de probabilidade).

RESULTADOS EXPERIMENTAIS

Os dados experimentais registados em vários aspectos durante a estação Rabi 2019-2020 foram submetidos à análise estatística adequada para médias e variâncias. A análise completa dos dados experimentais revelou os resultados aqui discutidos separadamente para cada conjunto de experiências com a ajuda de tabelas e figuras apropriadas.

4.1 Parâmetro de crescimento

4.1.1 Percentagem de germinação

A análise estatística dos dados apresentados na Tabela 4.1 e na Fig. 4.1 indica um efeito significativo na germinação. Os tratamentos atingiram um intervalo de 70,51 a 86,92% de germinação. Observou-se que o tratamento T6 atingiu a germinação máxima (86,92%), que foi igual ao valor T7 (85,69%) e T5 (83,65%), valor mínimo encontrado para o controlo (70,51%).

4.1.2 Dias para 50% de floração

É evidente no Quadro 4.1 e na Fig. 4.1 que houve uma diferença significativa entre os tratamentos em relação aos dias para 50% de floração. O número mínimo de dias para produzir 50% de floração foi o controlo (45,12) e T1 (47,51) e o número máximo de dias foi obtido por T6 (50,75).

4.1.3 Comprimento da raiz da plântula (cm)

É observado a partir dos dados mostrados na Tabela 4.1 e Fig. 4.1 que a influência do tratamento teve um efeito significativo no comprimento da raiz da plântula. O maior comprimento de raiz de plântula foi observado no tratamento T6 (20,84cm) seguido por T7 (20,11cm) e o mínimo no controlo (15,11cm). Todos os efeitos do biofertilizante mostraram uma melhoria significativa no comprimento da raiz das plântulas em relação ao controlo.

4.1.4 Comprimento do rebento da plântula (cm)

Um exame crítico dos dados apresentados na Tabela 4.1 e na Fig. 4.1 indica um efeito significativo do tratamento no comprimento dos rebentos das plântulas. O T6 foi encontrado como valor máximo para o comprimento médio do rebento (72,75cm), seguido pelo T_7 (71,64cm), no entanto, o comprimento mínimo foi registado para o controlo (55,14cm). Verificou-se um efeito significativo de todos os tratamentos em relação ao controlo.

4.1.5 Comprimento da plântula (cm)

Os dados apresentados na Tabela 4.1 e na Fig. 4.1 revelaram que todos os tratamentos diferiram significativamente entre si no que diz respeito ao comprimento das plântulas. O comprimento máximo das plântulas foi medido para o tratamento T6 (82,77cm) seguido pelo T7 (80,41cm), e o mínimo foi registado para o controlo (68,25cm).

4.1.6 Índice de vigor das sementes

O resultado que indica o índice de vigor, como é evidente nos dados do Quadro 4.1 e da Fig. 4.1, revela que este parâmetro foi significativamente influenciado pelos diferentes tratamentos. O índice de vigor mais elevado foi registado no tratamento T7 (3,19), seguido de T6 (3,15), T5 (3,10) e o valor mais baixo foi registado no controlo (2,25). Todos os inoculantes microbianos mostraram um efeito significativo sobre o controlo.

Quadro 4.1 Efeito dos biofertilizantes na percentagem de germinação, dias até 50% de floração, comprimento da raiz das plântulas, comprimento dos rebentos e índice de vigor das sementes.						
Tratamentos	**Germinação %**	**Dias até 50% de floração**	**Comprimento da raiz das plântulas (cm)**	**Comprimento dos rebentos das plântulas (cm)**	**Comprimento da plântula (cm)**	**Índice de vigor das sementes**
Controlo	70.51	45.12	15.11	55.14	68.25	2.25
T1	72.52	47.51	17.64	62.69	75.32	2.32
T2	80.61	48.65	18.45	66.95	77.12	2.85
T3	76.69	47.96	17.96	65.32	76.48	2.91
T4	82.65	48.99	18.97	68.45	77.85	2.99
T5	83.65	49.12	19.65	69.68	79.64	3.10
T6	86.92	0.75	20.84	72.75	82.77	3.15
T7	85.69	9.65	20.11	71.64	80.41	3.19
SEm	2.93	1.76	0.76	2.39	2.64	0.10
CD 5%	8.69	5.22	2.25	7.11	7.84	0.31

4.2.1 Altura da planta aos 30 DAS

É evidente a partir da Tabela 4.1 e Fig. 4.2 que houve diferença significativa entre os tratamentos em relação a 30DAS. A altura mínima significativa para produzir o controlo (26,62) e T1 (27,12) e a altura máxima foram obtidas por T6 (30,69).

4.2.2 Altura da planta aos 60 DAS

É evidente a partir da Tabela 4.1 e Fig. 4.1 que houve diferença significativa entre os tratamentos em relação a 30DAS. A altura mínima significativa para produzir o controlo (79,68) e T1 (85,69) e a altura máxima foram obtidas por T6 (97,69).

4.2.3 Dias até à primeira colheita

Foram obtidos valores estatisticamente significativos para os dias até à primeira colheita afectados pelos diferentes tratamentos Quadro 4.2 e Fig. 4.4. O máximo de dias para a primeira colheita (48,66) foi registado no T6, seguido do T7 (47,85), enquanto o mínimo (38,65) de comprimento de fruto foi observado no controlo.

Quadro 4.2 Efeito do biofertilizante na altura das plantas aos 30 DAS e 60 DAS

Tratamentos	Altura da planta aos 30 DAS	Altura da planta aos 60 DAS	Dias até à primeira colheita
T0-Controlo	26.62	79.68	38.65
T1-Pseudomonas	27.12	85.69	42.65
T2-Azotobacter	27.99	90.29	45.11
T_3 - Bolo de neem	27.86	88.64	44.14
T4-Pseudomonas + Azotobacter	28.45	92.65	45.84
T5-Pseudomonas + Bolo de Neem	28.97	93.65	46.92
T6-Azotobacter + Bolo de Neem	30.69	97.69	48.66
T7-Pseudomonas + Azotobacter + Bolo de Neem	29.65	94.84	47.85
SEm+	0.95	3.74	1.64
CD (p=0,05)	2.83	11.11	4.86

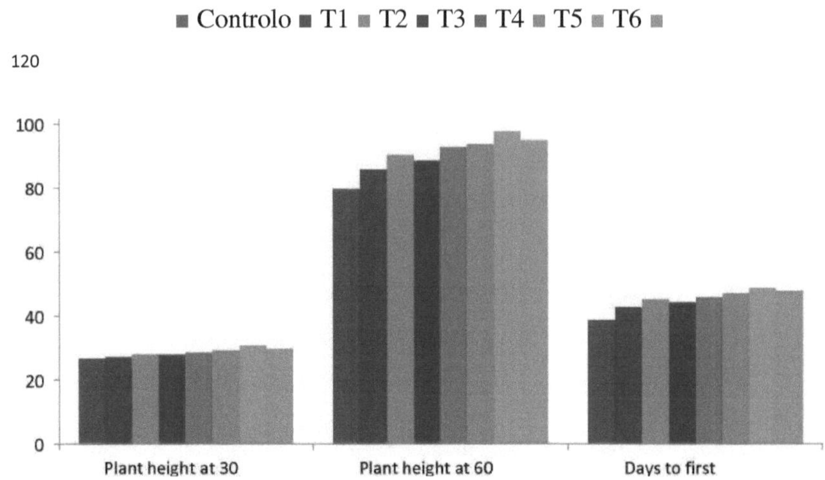

Fig. **4.2 Efeito dos biofertilizantes na altura das plantas aos 30 DAS e 60 DAS**

4.3 Parâmetro de rendimento

4.3.1 Peso do fruto (g)

A análise estatística dos dados apresentados na Tabela 4.3 e na Fig. 4.2 revelou um efeito significativo dos tratamentos no peso dos frutos. O peso máximo dos frutos (13,87) foi registado no T6, seguido do T7 (13,45), enquanto o peso mínimo (10,65) foi observado no controlo. Verificou-se um efeito significativo de todos os tratamentos em relação ao controlo.

4.3.2 Comprimento dos frutos (cm)

Foram obtidos valores estatisticamente significativos para o comprimento dos frutos afectados pelos diferentes tratamentos Tabela 4.3 e Fig. 4.4. O comprimento máximo dos frutos (23,16) foi registado em T6, seguido de T7 (22,45), enquanto o comprimento mínimo (15,24) foi observado no controlo. Todos os efeitos dos biofertilizantes mostraram uma melhoria significativa no comprimento dos frutos.

4.3.3 Diâmetro dos frutos (mm)

Os resultados relativos ao diâmetro dos frutos, como se pode ver nos dados do Quadro 4.3 e da Fig. 4.1, revelam que este parâmetro foi significativamente influenciado pelos diferentes tratamentos. O diâmetro máximo dos frutos (19,10) foi registado no T6, seguido do T7 (18,77), enquanto o diâmetro mínimo (16,33) foi observado no controlo.

4.3.4 Número de frutos por planta

Uma leitura atenta dos dados indicou que os tratamentos tiveram uma influência significativa no número de frutos por planta, Quadro 4.3. O número máximo de frutos por planta (25,56) foi registado em T6, seguido de T7 (24,76) enquanto que o número mínimo (16,44) de frutos por planta estava sob controlo.

4.3.5 Número de sementes por fruto

Um exame crítico dos dados apresentados na Tabela 4.3 e na Fig. 4.1 indica um efeito significativo do tratamento no número de sementes por fruto. O número máximo de sementes por fruto (85,64) foi registado no T6, seguido do T7 (84,18), enquanto o número mínimo (72,14) de sementes por fruto foi observado no controlo. Verificou-se um efeito significativo de todos os tratamentos em relação ao controlo.

4.3.6 Número de colheitas

Os resultados relativos ao número de colheitas, conforme evidenciado pelos dados do Quadro 4.3 e da Fig. 4.5, revelaram que este parâmetro foi significativamente influenciado pelos diferentes tratamentos. O número de colheitas no T6 foi o mais elevado (9,10) seguido do T7 (8,95), T5 (8,15), T4 (7,99) e o mínimo foi encontrado no controlo C (6,12). A variação entre todos os tratamentos com inoculantes biofertilizantes foi significativa em relação ao controlo.

Tabela 4.3 Efeito do biofertilizante no peso dos frutos, comprimento dos frutos, diâmetro dos frutos, número de frutos por planta, número de sementes por fruto e número de colheitas.						
Tratamentos	**Peso do fruto (g)**	**Comprimento dos frutos (cm)**	**Diâmetro dos frutos (mm)**	**Número de frutos por planta**	**Número de sementes por fruto**	**Número de colheitas**
Controlo	10.65	15.24	16.33	16.44	72.14	6.12
T1	11.97	19.65	17.12	18.45	75.64	7.10
T2	12.65	20.68	17.92	21.05	77.05	7.65
T3	12.15	20.15	17.64	19.11	76.14	7.15
T4	12.98	21.36	18.23	22.24	79.15	7.99
T5	13.10	21.88	18.49	23.66	82.44	8.15
T6	13.87	23.16	19.10	25.56	85.64	9.10
T7	13.45	22.45	18.77	24.76	84.18	8.95
SEm	0.57	1.01	0.57	0.84	2.78	0.35
CD 5%	1.70	3.01	1.70	2.50	8.26	1.03

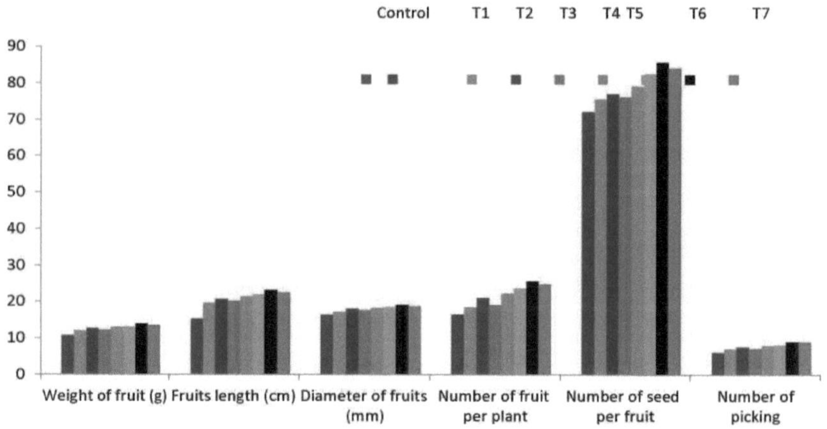

Fig. 4.3 Efeito do biofertilizante no peso dos frutos, comprimento dos frutos, diâmetro dos frutos, número de frutos por planta, número de sementes por fruto e número de colheitas.

4.4.1 Rendimento por planta (gm)

Uma leitura atenta dos dados indicou que os tratamentos tiveram influência significativa no rendimento por planta, Tabela 4.4. O rendimento máximo por planta foi encontrado em T6 (281,47 g), o que mostra uma diferença significativa entre todos os outros tratamentos, seguido por T7 (275,44 g), T5 (265,47 g), no entanto, o mínimo foi encontrado no caso do controlo (193,65 g).

4.4.2 Rendimento por parcela (kg)

Uma observação crítica dos dados mostrados no Quadro 4.4 e na Fig. 4.6 revelou resultados significativos para o rendimento por parcela. Todos os tratamentos inoculados mostraram uma influência significativa sobre o controlo não inoculado. O T6 tem um rendimento máximo por parcela (5,96 kg), seguido de perto pelo T7 (5,49 kg), T5 (5,33 kg) e T4 (5,15 kg), no entanto, o controlo registou o rendimento mínimo por parcela (3,28 kg).

4.4.3 Rendimento por hectare (q/ha)

Uma leitura atenta dos dados indica que os tratamentos têm uma influência significativa no rendimento por hectare em relação ao controlo Quadro 4.4 e Fig. 4.6. O maior rendimento médio por hectare foi registado nos tratamentos T6 (140,82q) seguido da mistura de biofertilizante T7 (139,66q), no entanto, o rendimento mínimo foi registado no controlo (80,96q). A inoculação de *Azotobacter* mostrou um valor significativamente mais alto entre todos os outros tratamentos.

4.4.4 Índice de sementes (peso de 1000 sementes)

Os dados na Tabela 4.4 e na Fig. 4.5 reflectem que o tratamento influenciou significativamente o peso de 1000 sementes. Os tratamentos de sementes inoculadas com *Azotobacter* mostraram um peso máximo de 1000 sementes (429,69 g), que foi significativamente mais elevado do que os outros tratamentos, seguido de perto por *Pseudomonas* T7 (410,54 g), no entanto, o mínimo foi encontrado no controlo (265,84 g).

Tabela 4.4 Efeito do biofertilizante no rendimento por planta (gm), rendimento por parcela (kg), rendimento por hectare (q/ha) e índice de sementes (peso de 1000 sementes)				
Tratamentos	**Rendimento por planta (gm)**	**Rendimento por parcela (kg)**	**Rendimento por hectare (q/h[a])**	**Índice de sementes (1000 peso da semente)**
Controlo	193.65	3.28	80.96	265.84
T1	225.64	4.45	101.45	299.35
T2	241.59	4.98	111.47	365.47
T3	235.95	4.72	105.69	325.65
T4	259.77	5.15	125.65	395.65
T5	265.47	5.33	134.54	410.54
T6	281.47	5.96	140.82	429.69
T7	275.44	5.49	139.66	419.65
SEm	12.16	0.19	5.22	18.98
CD 5%	36.14	0.56	15.51	56.39

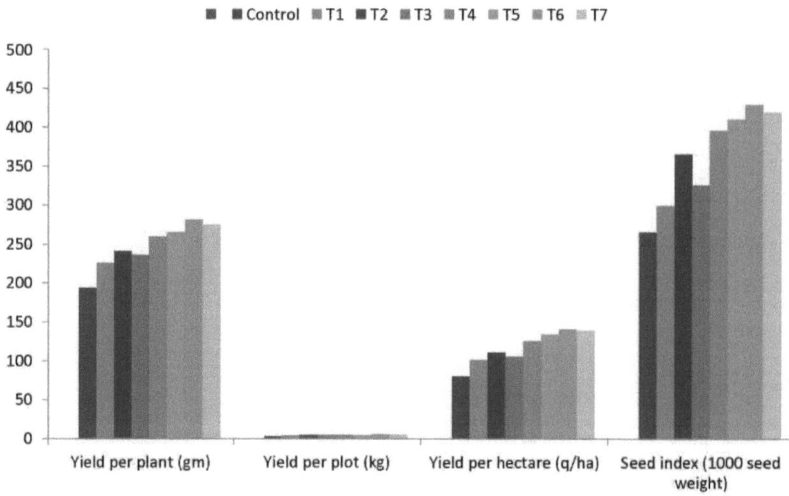

Tabela 4.4 Efeito do biofertilizante no rendimento por planta (gm), rendimento por parcela (kg), rendimento por hectare (q/ha) e índice de sementes (peso de 1000 sementes)

DISCUSSÃO

O quiabo (*Abelmoschus esculentus* L.) é um vegetal popular e comum no subcontinente indiano e em todo o mundo, sendo a parte comestível do quiabo as suas vagens de sementes verdes que são consumidas como alimento depois de cozinhadas. O outro nome comum do quiabo é dedo de moça, devido às suas vagens de sementes verdes comestíveis, finas e longas, que se assemelham a um dedo. O quiabo é adequado para ser cultivado em regiões agro-climáticas tropicais e subtropicais. O quiabo é uma boa fonte de nutrição e é uma fonte rica em vitamina C, vitamina A, vitamina B-6, magnésio, cálcio, potássio e ferro, contendo também uma quantidade adequada de hidratos de carbono, fibra alimentar, proteínas e sódio. O quiabo contém 0% de colesterol e uma quantidade muito baixa de gordura, pelo que é também um alimento popular para dietas.

O quiabo é cultivado principalmente na Índia, Nigéria, Sudão, Paquistão, Egipto e Gana. A produção mundial de quiabo em 2011 foi de 7896,3 mil toneladas de uma área de 1148,0 mil hectares, enquanto em 2017 a produção total de quiabo na Índia foi de 6146 mil toneladas de uma área de 528 mil hectares. A produtividade do quiabo na Índia é bastante baixa devido à falta de conhecimentos sobre a nutrição e o cultivo adequados entre os agricultores.

É bem sabido que os fertilizantes orgânicos e biofertilizantes são de grande utilidade quando fornecidos a qualquer cultura. Os fertilizantes orgânicos fornecem uma grande quantidade de matéria orgânica (Carbono) aos microrganismos presentes no solo, a matéria orgânica fornecida ajuda no crescimento da população de microrganismos que acelera as actividades físicas, químicas e biológicas no solo e também fornece uma quantidade moderada de nutrientes ao solo que são posteriormente utilizados pela cultura cultivada para o seu crescimento e desenvolvimento. Os biofertilizantes melhoram a relação Carbono : Azoto (C : N) do solo, fixam o azoto atmosférico no solo, disponibilizam o fósforo através da sua solubilização no solo, aumentam a população de microrganismos benéficos no solo, o que melhora ainda mais a absorção de nutrientes pelas plantas e melhora a capacidade de retenção de água do solo.

A presente investigação foi efectuada para compreender o impacto de diferentes biofertilizantes e as suas combinações no crescimento, rendimento e parâmetros de qualidade do quiabo.

5.1 Parâmetros de crescimento

5.1.1 Percentagem de germinação

A percentagem máxima de germinação 86,92% foi mostrada por T6 (*Azotobacter* + Bolo de Neem) que é 23,73% mais do que o controlo, sementes tratadas com *azotobacter* + inoculação de bolo de Neem mostra a maior percentagem de germinação entre todos os tratamentos da experiência. A percentagem de germinação afecta indiretamente o rendimento obtido, uma vez que a percentagem de germinação está diretamente relacionada com o número de plantas presentes num campo e, se forem plantadas a uma distância adequada, o número de plantas é diretamente proporcional ao rendimento total obtido.

5.1.2 Dias até 50% de floração

Os dias até 50% de floração estão indiretamente relacionados com o rendimento: quanto mais cedo as flores começarem a emergir, maior será a produção de vagens verdes comestíveis. Com uma floração precoce, o período de produção da planta aumenta, o que aumenta automaticamente o rendimento. O tratamento de controlo apresentou um mínimo de 45,12 dias para 50% de floração.

5.1.3 Comprimento da raiz das plântulas (cm)

O comprimento da raiz das plântulas afecta indiretamente o rendimento das plantas cultivadas, uma vez que as raízes mais longas absorvem melhor a água e os nutrientes e evitam o acamamento da cultura, melhorando a posição da planta. Após um mês de sementeira, o comprimento da raiz das plântulas foi medido e o comprimento máximo da raiz é mostrado pelo tratamento T_6 (*Azotobacter* + bagaço de Neem), que é de 20,84 cm, seguido de 20,11 cm do tratamento T_7 (*Pseudomonas* + *Azotobacter* + bagaço de Neem) e o comprimento mínimo da raiz foi mostrado pelo controlo, que é de 15,11 cm, o comprimento da raiz das plântulas de T6 é 37,92% mais do que o do controlo. Os microrganismos produzem a enzima ACC (Aminocyclopropane Carboxylic Acid) deaminase para reduzir o nível de etileno nas raízes, que é um agente retardador do crescimento, e a redução do nível de etileno nas raízes ajuda a alongar as raízes.

5.1.4 . Comprimento dos rebentos das plântulas (cm)

O maior comprimento de raiz das plântulas foi encontrado no tratamento T6 (*Azotobacter* + Bolo de Neem), que é de 72,75 cm, seguido pela combinação de biofertilizantes no tratamento *T7* (*Pseudomonas* + *Azotobacter* + Bolo de Neem), que é de 71,64 cm, e o menor comprimento de rebento das plântulas foi encontrado no controlo, que é de 55,14 cm. A diferença entre o comprimento do rebento mais longo e o comprimento do rebento mais curto é de 17,61 cm, o que é uma grande diferença, o que mostra que se a semente for tratada com a inoculação de *azotobacter* + bagaço de neem, será observado um bom comprimento do rebento na fase de plântula.

5.1.5 Comprimento da plântula (cm)

O comprimento das plântulas foi medido após um mês da sementeira das sementes, as sementes tratadas com o tratamento de inoculação Azotobacter + Bagaço de Neem T_6 (*Azotobacter* + Bolo de Neem) mostra o maior comprimento de plântula que é 82,77 cm seguido pelo tratamento *T7* (*Pseudomonas* + *Azotobacter* + Bolo de Neem) que é 80,41 cm. O comprimento mais curto das plântulas foi medido no controlo, que é de 68,25 cm. O efeito positivo do aumento do comprimento da raiz da plântula pode ser claramente visto no comprimento da plântula, raízes longas ajudam no aumento do comprimento da plântula, o comprimento da plântula no tratamento T6 é de 21,27%.

5.1.6 Índice de vigor das sementes

Quanto maior for o vigor da semente, maior será a germinação e a capacidade da semente para produzir plântulas que podem ter um bom desempenho em diferentes condições de stress. A combinação de diferentes inoculações de biofertilizantes utilizada para tratar as sementes T7 (*Pseudomonas* + *Azotobacter* + Bagaço de Neem) apresenta o índice de vigor de sementes mais elevado, 3,19, seguido de 3,15 do tratamento T_6 (*Azotobacter* + Bagaço de Neem), sendo o índice de vigor de sementes mais baixo apresentado pelo controlo, que é de 2,25. O índice de vigor das sementes do tratamento T7 é 41,77% superior ao do controlo.

5.1.7 Altura da planta aos 30 DAS e altura da planta aos 60 DAS

O tratamento T6 (*Azotobacter* + *Bolo de* Neem) mostra a altura máxima da planta 30 DAS após a sementeira, que é de 30,69 cm, seguido pela combinação de biofertilizantes do tratamento T7 (*Pseudomonas* + *Azotobacter* + Bolo de Neem) com 29,65 cm de altura da planta e a altura mínima da planta 26,62 cm foi registada no tratamento de controlo T_0 . As sementes tratadas com *Azotobacter* + inoculação de bolo de Neem mostram 15,29% mais altura da planta do que o controlo aos 30 dias após a sementeira. O desempenho da altura da planta após 60 DAS permanece igual ao de 30 DAS em termos dos tratamentos. A altura máxima da planta foi de 97,69 cm mostrada pelo tratamento T6 (*Azotobacter* + torta de Neem) seguido pelo tratamento T7 (*Pseudomonas* + *Azotobacter* + torta de Neem) com 94,84 cm e a altura mínima da planta 79,68 cm foi registada no tratamento de controlo T0. A altura da planta no tratamento T6 é 22,60% superior à do tratamento de controlo. Os resultados da altura da planta 30 DAS e 60 DAS mostram que a inoculação do tratamento de sementes de *Azotobacter* + torta de neem é responsável pelo aumento da altura da planta, *Azotobacter* fixa o nitrogénio atmosférico no solo que é posteriormente utilizado pela planta para o crescimento.

5.1.8 Dias até à primeira colheita

A colheita no quiabeiro refere-se à colheita de vagens de sementes verdes na fase de maturidade hortícola ou comercial, logo que a cultura começa a dar frutos, a produção aumenta devido à disponibilidade de um longo período de produção para a planta. O número mínimo de dias para a primeira colheita foi registado no tratamento de controlo T0, que é de 38,65 dias, enquanto o tratamento T6 (*Azotobacter* + bagaço de Neem) apresenta um máximo de 42,65 dias para a primeira colheita.

5.2 Parâmetro de rendimento

5.2.1 Peso do fruto (g)

O peso do fruto é um parâmetro de crescimento que é diretamente proporcional ao rendimento; quanto maior for o peso do fruto, maior será o rendimento. O peso máximo de fruto de 13,87 gm foi registado no tratamento T6 (*Azotobacter* + Bolo de Neem) seguido do tratamento T7 com 13,45 gm enquanto o peso mínimo de fruto de 10,65 gm foi observado no tratamento de controlo. O tratamento T6 apresenta um peso de fruto 30,23% superior ao do controlo. Como todos os tratamentos com inoculação de biofertilizantes tiveram um melhor desempenho do que o tratamento de controlo no parâmetro peso do fruto, isto mostra que o tratamento de sementes com inoculação de biofertilizantes produz resultados significativos.

5.2.2 Comprimento dos frutos (cm)

Quanto mais comprido for o fruto, maior será o rendimento, uma vez que o comprimento do fruto leva a um aumento do peso do fruto. O comprimento máximo do fruto, 23,16 cm, foi registado no tratamento T_6 (*Azotobacter* + Bolo de Neem), seguido do tratamento T_7 (*Pseudomonas* + *Azotobacter* + Bolo de Neem) com 22,45 cm, enquanto o comprimento mínimo do fruto, 15,24 cm, foi observado no tratamento de controlo. O comprimento do fruto observado no tratamento T6 é 51,97% superior ao do tratamento de controlo.

5.2.3 Diâmetro dos frutos (mm)

O diâmetro do fruto é diretamente proporcional ao peso do fruto, o que afecta diretamente o rendimento da cultura. O diâmetro máximo dos frutos, 19,10 cm, foi registado no tratamento T6 (*Azotobacter* + *Bolo* de Neem), seguido do tratamento T_7 (*Pseudomonas* + *Azotobacter* + Bolo de Neem) com 18,77 cm, enquanto o diâmetro mínimo dos frutos, 16,33 cm, foi observado no tratamento de controlo. O diâmetro dos frutos (mm) observado no tratamento T6 é 16,96% superior ao do tratamento de controlo.

5.2.4 Número de frutos por planta

O número de frutos por planta está diretamente relacionado com o rendimento, o peso do fruto e o número de frutos contribuem para um rendimento elevado. O número máximo de frutos por planta 25,56 foi registado no tratamento T6 (*Azotobacter* + *Bolo* de Neem), seguido do tratamento T7 (*Pseudomonas* + *Azotobacter* + Bolo de Neem) 24,76 frutos enquanto o número mínimo de 16,44 frutos por planta foi registado no controlo. O T_6 produz 55,47% mais frutos do que o controlo.

5.2.5 Número de sementes por fruto

O número de sementes é um parâmetro importante para a produção de sementes, quanto maior o número de sementes, maior será o rendimento das sementes. O número máximo de sementes por fruto 85,64 foi registado no tratamento T6 (*Azotobacter* + *Bolo* de Neem) seguido pelo tratamento T_7 (*Pseudomonas* + *Azotobacter* + Bolo de Neem) 84,18 enquanto o número mínimo de 72,14 sementes por fruto foi observado no tratamento de controlo. O número de sementes por fruto observado no tratamento T6 é 18,71% superior ao do tratamento de controlo.

5.2.6 Número de colheitas

O número de colheitas tem uma relação direta com os dias até à primeira colheita e com a frequência entre duas colheitas, pelo que o número de colheitas aumenta à medida que a colheita dos frutos começa. O número de colheitas no tratamento T_6 (*Azotobacter* + Bolo de Neem) foi o mais elevado, com 9,10 colheitas, seguido do tratamento T7 (*Pseudomonas* + *Azotobacter* + Bolo de Neem), com 8,95 colheitas, e o número mínimo de colheitas foi encontrado no tratamento de controlo, com 6,12 colheitas. O número de colheitas observado no tratamento T6 é 48,69% superior ao número de colheitas no controlo.

5.2.7 Rendimento por planta (gm)

O rendimento por planta tem uma relação direta com o rendimento total, o rendimento por planta acaba por ser multiplicado pelo total de plantas na cultura para a produção total da cultura. O rendimento máximo por planta foi encontrado no tratamento T_6 (*Azotobacter* + Bolo de Neem) 281,47 gm seguido por T7 (*Pseudomonas* + *Azotobacter* + Bolo de Neem) com 275,44gm de rendimento por planta e o rendimento mínimo por planta foi encontrado no caso do controlo que é 193,65gm. O rendimento por planta observado em T6 é % mais do que o rendimento por planta do tratamento de controlo.

5.2.8 Rendimento por parcela (kg)

O T6 (*Azotobacter* + *Bolo* de Neem) tem um rendimento máximo por parcela de 5,96 kg, seguido de perto pelo T_7 (*Pseudomonas* + *Azotobacter* + Bolo de Neem) com um rendimento de 5,49 kg por parcela e o tratamento de controlo tem um rendimento mínimo por parcela de 3,28 kg. O rendimento por parcela registado no T6 é 81,71% superior ao do tratamento de controlo.

5.2.9 Rendimento por hectare (q/ha)

O rendimento médio mais elevado por hectare foi registado no tratamento T6 (*Azotobacter* + Bolo de Neem), que é de 140,82 q, seguido da mistura de biofertilizante T7 (*Pseudomonas* + *Azotobacter* + Bolo de Neem), com uma produção de 139,66 q e um rendimento mínimo de 80,96 q foi registado no tratamento de controlo. A maior parte dos parâmetros de crescimento e de rendimento registam o melhor desempenho no caso do tratamento T6, que maximiza o rendimento por hectare no tratamento T6. As sementes tratadas com *azotobacter* + inoculação de bagaço de nim têm o melhor desempenho na maioria dos parâmetros.

Índice de sementes (peso de 1000 sementes)

O tratamento de sementes inoculadas com *Azotobacter* + Bolo de Neem T_6 mostrou o peso máximo de 1000 sementes que é 429.69 gm seguido de perto por *Pseudomonas* + *Azotobacter* + Bolo de Neem tratamento T7 com 410.54 gm e o peso mínimo de 1000 sementes foi encontrado no controlo que é 265.84 gm. O tratamento T6 mostra mais 46,54% de peso de 1000 sementes do que o tratamento de controlo.

REFERÊNCIA

Afzal, A., Asharf, M., Asad, S.A. e Farooq, M., 2005. Efeito de microrganismos solubilizadores de fosfato na absorção de fósforo, rendimento e características de rendimento do trigo (Triticum aestivum L.) em área de sequeiro. *International J. Agric. & Biol.* 7(2): 207-209.

Akintoye, H.A., Adebayo, A.G, e Aina, O.O., (2011): crescimento e resposta de rendimento do quiabo intercalado com coberturas vivas. *Asian J. Agric. Res.* 5:146-153.

Amer, A.H., Shimi, I.Z.E, e Zayad, G.A., 2003. Resposta de plantas de tomate cultivadas em solos arenosos recentemente recuperados à fertilização biológica e mineral. *Anais da ciência agrícola*.41(2):925-938

Amer, A.H., Shimi, I.Z.E. e Zayad, G.A., 2003. Resposta de plantas de tomate cultivadas em solos arenosos recentemente recuperados à fertilização biológica e mineral. Annals of Agricultural Science. 41(2):925-938.

Bairwa, H.L., Mahawer, L.N., Shukla, A.K., Kaushik, R.A, e Mathur, S.R., (2009). Resposta da gestão integrada de nutrientes no crescimento, rendimento e qualidade do quiabo (*Abelmoschus esculentus*). *Indian Journal of Agriculture Sciences* 2009: vol. 79 No. 5 pp. 381-384 ref.8.

Bairwa, H.L., Shukla A.K., Mahawer, L.N., Kaushik, R.A., Shukla, K.B, e Ameta, K.D., (2009). Resposta da integração de nutrientes no rendimento, qualidade e características físico-químicas do quiabo cv. Arka Anamika. *Indian J. Hort.* 66(3):310-314.

Bhushan,A., Bhat,K.L., Sharma, J. P.,2013. Efeito de Azotobacter e fertilizantes inorgânicos na produção de frutos e sementes de quiabo cv. Hisar Unnat. *Resumo das ciências agrícolas*

Chaudhary S. K., Yadav S.k., Mahto, D. K., Azmi N. Y., Sinha N. A., Ashish R. e Sharm, R. P., 2019. Impacto das fontes orgânicas e inorgânicas de nutrientes no crescimento, atributos de rendimento e rendimento da cabaça de garrafa (Lagenaria siceraria (Mol.) Standl.) em Bihar. *Jornal de AgriSearch* 6(Edição Especial):54-58.

Choudhary K., More, S. J., e Bhanderi, D.R. 2015. Impacto de biofertilizantes e fertilizantes químicos no crescimento e rendimento do quiabo (abelmoschus esculentus l. Moench). *The Ecoscan 9*(1&2): 6770.

Choudhary, M., Jat R.K., chand, P. e Choudhary, R. 2017. Efeito dos biofertilizantes no crescimento, rendimento e qualidade do knol-khol. *Journal of Pharmacognosy and Phytochemistry* 2017; 6(6): 2234-2237.

Das, R., Mandal, A. R., Priya, A., Das, S. P., e Kabiraj, J., 2015. Avaliação da gestão integrada de nutrientes no desempenho da cabaça de garrafa [Lagenaria siceraria (Molina) Standl.]. *Jornal de Ciências Aplicadas e Naturais* 7 (1): 18 - 25 (2015).

Dilruba, S, Hasanuzzaman, M, Karim, R, e Nahar, K., (2009). Resposta da produção de quiabo a diferentes épocas de sementeira e aplicação de hormonas de crescimento. *J. Hortic. sci. Ornamental Plants.* 1: 10-14.

Dubey, S. K.,(2002). Eficácia do fosfato de rocha e do superfosfato emendados com microrganismos solubilizadores de fosfato na soja cultivada em solos verticais. *J. Indian soc. Soil sci.* 48: 71-75.

Dubey, S.K., 2002. Eficácia do fosfato de rocha e do superfosfato emendados com microrganismos solubilizadores de fosfato na soja cultivada em vertisols. *J. Indian Soc. Soil Sci.* 48: 71-75.

Eifediyi, K., Ahamefule, H.E., Remison, S.U., Aliyu, T.H., Akanbi, N. 2017. Efeitos do bolo de sementes de nim e do fertilizante npk no crescimento e rendimento deSsesame (Sesamum indicum l.). *Ecercetari agronomice in moldova,* 1 - 2 (170) / 2017: 57-72.

Farajzadeb, D, Yakhchali, B, Aliasgharzad, N, Sokhadan, B, e Farajzadeb, M., (2012). Crescimento de plantas promovendo a caraterização de *Azotobactérias* indígenas isoladas do solo no *Irão. Curr Microbiol.* 64:397-403.

Ganeshan, G, e Kumar, A. M., (2006). *Pseudomonas fluorescens*, um potencial antagonista bacteriano para o controlo de doenças das plantas. *Journal of plant interactions*, setembro de 2005; 1(3): 123-134.

Glick, B. R., (2012): Mecanismo e Aplicações de Bactérias Promotoras de Crescimento de Plantas. Publicação Hindawi

Hayat, R, Ali, S, Amara, U, Khalid, R, e Ahemed, I.,(2010). Bactérias benéficas para o solo e seu papel na promoção do crescimento das plantas . uma revisão. *Ann Microbiol.* 60:579-598.

Kachari, M., e Korla, B.N., 2009. Efeito dos biofertilizantes no crescimento e rendimento da couve-flor cv. PSB K-1. *Indian Journal of Horticulture* 66 (4), 496-501, 2009.

Kadar, M.A., Milan M.H, e Hoque, M.S., 2002. Effect of Azotobacter inoculant on the yield and nitrogen uptake by wheat. Departamento de Ciência do Solo, Universidade de Agricultura do Bangladesh, Mymensigh, Bangladesh. 2(4):251-261

Kader, M.A., Mian, M.H. e Hoque, M.S., 2002. Effect of *Azotobacter* inoculant on the yield and nitrogen uptake by wheat. Departamento de Ciência do Solo, Universidade Agrícola do Bangladesh, Mymensigh, Bangladesh. 2(4): 251-261.

Kamil, Prajapati, Yami, K.D. e Singh, A., 2008. Efeito de promoção do crescimento de plantas de *Azotobacter chroococcum, Piriformospora indica* e vermicomposto em plantas de arroz. Nepal Journal of Science and Technology 9, pp: 85-90.

Khan, N., Srivastava,J.P., Singh, S. K., 2009. Efeito de biofertilizantes no potencial de produção de couve-flor {Brassica oleracea (l.) var. botrytis}. *Annals of Horticulture* 2 (1), 122- 123, 2009.

Khanna, V., Sharma, P. e Sekhon, H.S., 2006. Efeitos da inoculação de Rhizobium e PGPR na nodulação e rendimento de grãos em lentilhas (Lens culinaris L.). *Environ. Ecol.* 24 (Especial 1): 224-226.

Kumar, A., Meena, M.L., Shivran, B.C., Pal, H., e Meena, B.L., 2019. Impacto do biofertilizante no crescimento, rendimento e qualidade da cebola (allium cepa l.) Cv. Pusa red. *Arquivos de plantas* Vol. 19 No. 1, 2019 pp. 772-776

Kumar, M., Singh, V., Rana, D.K., e Shah, K.N., 2018. Efeito da gestão integrada de nutrientes em vários traços hortícolas de knol-khol (Brassica oleracea var. gongylodes) cv. White Vienna sob Garhwal Hills. *Jornal de Farmacognosia e Fitoquímica* 2018; 7 (1) 2285-2288.

Kumar, S, Dagnoko, S, Haougui, A, Ratnadass, A, Pasternak, D, e Kouame, C., (2010): Quiabo (*Ablemoscbus spp.*) na África Ocidental e Central: potencial e progresso no seu melhoramento. African J. Agric Res.5: 3590- 3598.

Kumar, V. G., Pandey, G., e Singh, M., 2018. Efeito da gestão integrada de nutrientes no crescimento, rendimento e qualidade do repolho. *Jornal de Farmacognosia e Fitoquímica* 2018; SP2: 278280.

Lokanadhan, S, Muthukrishan, P, e Jeyaraman, S, (2012) . Produtos de Neem e suas aplicações agrícolas. *J Biopest*, 5 (suplementar) . 72-76.

Mal, B., Mahapatra, P. e Mohanty, S., 2014. Efeito de diazotrofos e fertilizantes químicos na produção e economia de cultivares de quiabo (*Abelmoschus esculentus*, L.). *American Journal of Plant Sciences*, Vol. 5 No. 1, 2014, pp. 168-174.

Gestão no crescimento, rendimento e qualidade do quiabo (Abelmoschus esculentus (L.) Moench). *Int.J.Curr.Microbiol.App.Sci* (2018) 7(10): 1033-1041.

Meena, D.C., Meena, M.L., e Sumar, S., 2019. Influência de adubos orgânicos e biofertilizantes no crescimento, rendimento e qualidade do quiabo (Abelmoschus esculentus L. Moench). *Anais da Pesquisa de Plantas e Solos* 21(2): 130-134 (2019).

Mirzakhani, M., Ardakani, M.R., Aeene Band, A., Rejali, F. e Shirani Rad, A.H., 2009. Respostas do cártamo de primavera à co-Inoculação com Azotobacter chroococum e Glomus intra radices sob diferentes níveis de azoto e fósforo. *Am. J. Agri. & Biol. Sci.,* 4(3), pp: 255-26.

Ndunguru, J, e Rajabu, A.C., (2004). Effect of okra mosaic virus disease on the above-ground morphological yield components of okra in Tanzania. Scientia horticulturae 99: 225-235.

Nezarat, S. e Gholami, A., 2009. Rastreio de rizobactérias promotoras do crescimento de plantas para melhorar a germinação de sementes e o crescimento do milho. *Jornal de Ciências Biológicas do Paquistão,* 12(1): 26-32.

Nikfarjam, S.G., Aminpanah, H., 2015. Efeitos da fertilização com fósforo e da estirpe de Pseudomonas fluorescens no crescimento e rendimento do feijão faba (Viciafaba L.). 33(4): 15-21

Noumavo, P.A., Kochoni, E., Didagbe, Y.O., Adjanohoun, A., Allagbe, M., Sikirou, R., Gachomo, EW., Kotchoni, S.O., Baba- Moussa, L., 2013. Efeitos de diferentes rizobactérias promotoras do crescimento de plantas na germinação de sementes de milho e no desenvolvimento de plântulas. *American Journal of Plant Science*. 4(5): 10-13.

Nuruzzaman, M, Ashrafuzzaman, M, Islam, M, e Islam, M. R., (2003). Efeito de biofertilizantes no crescimento vegetativo do quiabeiro. Korean J. crop sci. 48(2): 73-80.

Prasad H., Sajwan P., Kumari, M. e Solanki. SPS., 2016. Efeito de adubos orgânicos e biofertilizantes no crescimento das plantas, rendimento e qualidade da cultura hortícola. *Revista Internacional de Estudos Químicos* 2017; 5(1): 217-221.

Prasad, H., Sajwan, P., Kumari, M. e Solanki, S,P.S,. 2016. Efeito de adubos orgânicos e biofertilizante no crescimento da planta, rendimento e qualidade da cultura hortícola. *Revista Internacional de Estudos Químicos*. 2017; 5(1): 217-221.

Qhureshi, Z., (2007): Investigação sobre a reprodução de bhendi (*Ablemoscbus esculentus (L.) Moench*). Tese de mestrado da Universidade de Ciências Agrícolas, GKVK, Banglaore.

Rabari, S.S., Vadodaria, J.R., More,S.G., Acharya, M.D., e Chaudhary, B.M., 2019. Efeito de diferentes fontes orgânicas de nitrogênio com biofertilizantes no crescimento das plantas, floração e expressão sexual da cabaça de garrafa (*Lagenaria siceraria* Mol. Standl.) cv. pusa naveen. *Revista de Estudos de Entomologia e Zoologia* 2019; 7(5): 1092-1095.

Rafique, M., Riaz, A., Anjum, A., Qureshi, M. A., Mujeeb, F.,2018. Papel dos bioinoculantes para melhorar o crescimento e o rendimento do quiabo (Abelmoshuses culentum). *Revista Universal de Pesquisa Agrícola* 6(3): 105 112, 2018.

Rai A.K., Das H, e Basu A.K., (2019). Resposta de bio-priming em quiabo para produção de vegetais. *Jornal de Ciências Aplicadas e Naturais.* 11(3): 687-693.

Rakibuzzaman, M., Mahato, A. K., Husna, M. A., Maliha, M. e Jamal Uddin A. F. M., 2019. Influência do óleo natural e do óleo de nim no crescimento e rendimento do brinjal (*Solanum melongena*). *Jornal de Biociência e Pesquisa Agrícola.* 20(02): 1694-1699.

Rawia, Eid. A., Nematawad, M. e Hamouda. H.A., 2009. Avaliar a eficácia da fertilização biológica e mineral nos parâmetros de crescimento e nas flores de corte comercializáveis de Matthiolaincana L. *American-Eurasian J. Agric. & Environ. Sci.*, 5 (4), pp: 509518.

Sahu, A.K., kumar, S, e Sutanu, M., (2014). Efeito de biofertilizantes e fertilizantes inorgânicos no crescimento vegetativo e no rendimento do quiabo [*Abelmoschus esculentus (L.) Moench*]. *Revista Internacional de Ciências Agrárias.* 2014 vol. 10 no. 2 pp. 558-561 ref.10.

Sahu, R. L., Sahu H., Kumar S. 2014. Efeito da aplicação de fertilizantes inorgânicos e biofertilizantes em componentes de crescimento e características de rendimento de coentro (Coriandrum sativum L.) *Horticultura Progressiva Ano*: 2014, Volume: 46, Edição: 1 Primeira página: (102) Última página: (106).

Saifullah, M, e Rabbani, M.G., (2009): Avaliação e caraterização de genótipos de quiabo (*Ablemoscbus esculentus* L.Moench). *SAARC J.Agric.* 7: 92-99.

Salim, H. A., Aziz A.K., Mahdi, M. H., Karim Ali, M, A., Salman, M. H., Hussein,M.M., Mohammed L. M., Ahmed, M. S., Khalil, A.Y., Hadi T. A., 2018. Efeito dos biofertilizantes Azotobacter chroococcum e Pseudomonas fluorescens no crescimento de brócolis (Brassica oleracea L. var. Italica). *Jornal de Avanços em Biologia*; 2347-6893: 11: 01.

Sharma H.K., Kamra Anju, Pankaj, Lal, J, e kumar, J., (2008). Effect of seed treatment with *Pseudomona fluorescens* Alone and in combination with soil application of carbofuron and Neem seed powder against Meloidogyne incognita in okra. *Pesticide Research Journal* vol.20 (1): 79-82.

Sharma H.K., Kamra, Anju, Pankaj, Lal,J e kumar j, (2008).Effect of seed treatment with *Pseudomonas fluorescens* Alone and in combination with soil application of carbofuron and Neem seed powder against Meloidogyne incognita in okra. *Pesticide Research Journal* .20 (1): 79-82.

Sharma, S.K., e Thakur, K.S., 2001. Effects of *Azotobacter* and nitrogen on plant growth and fruit yield of tomato. *Vegetable science* 28(2):146-148.

Singh B.K., Verma1, R.B., Singh V.K., Singh, M. e Maurya, D., 2018. Efeito da gestão integrada de nutrientes no crescimento, rendimento e qualidade do quiabo (*Abelmoschus esculentus* (L.) Moench) *Int.J.Curr.Microbiol.App.Sci* 7(10): 1033-1041.

Singh, U., Saad, A.A., Singh, S.R. e Kamaluddin, 2008. Influência dos genótipos e do método de inoculação na produtividade da lentilha (Lens culinaris) em condições temperadas de sequeiro no vale de Caxemira. *Indian J. Agril. Sci.* 78(8): 671-675.

Subedi, R., khanal, A., Aryal, K., Chhetri,L.B., kandel B. P., 2019. Resposta de azotobacter na produção de couve-flor (brassica oleracea l. Var.Botrytis). *Ata Scientifica Malaysia.* (ASM)3(1) (2019) 17-20.

Sundari U.S, e Gandhi A (2017). Efeito de inoculantes microbianos no crescimento e rendimento de bhendi [Abelmoschus esculentus (L) Moench] em trilha de campo. *Revista Internacional de Pesquisa Avançada em Ciências Biológicas* vol.4 (4): 182-188.

Swain, A.K., Pattanayak, S.K., Jena, M.K ,e Nayak R.K., (2003). Efeito da utilização integrada de bio-inoculantes e fertilizantes azotados no crescimento, rendimento e economia de azoto do quiabeiro. *Journal of the Indian Society of Soil Science*. 51, página no. 145-150.

Tejera, N, Llunch, C, Martinez, Toledo, M. V., Gonzalez-Lopez, e J., (2005). Isolamento e caraterização de estirpes de *Azotobacter* e *Azospirillum* da *rizosfera da* cana-de-açúcar. *Solo vegetal*. 270:223-232.

Thakur K.S., Kumar D., Vikram A., Thakur, A.K., Mehta, D.K., 2010. Efeito de adubos orgânicos e biofertilizantes no crescimento e na produção de tomate e feijão francês em meados das colinas de Himachal Pradesh. *Journal of Hill Agriculture*. 2010; 1 (2) 176: 178.

Tran, T.N.S., Cao, N.D., Truong, T.M.G e Tran, T.A.T., 2007. Efeito de co-inoculantes (Bradyrhizobium e bactérias solubilizadoras de fosfato) líquidos na soja em sistema de cultivo à base de arroz no Delta do Mekong. *Omonrice*, 15: 135-143.

Usharani, G., Jayanthi, M., Kanchana, D., Saranraj, P., Sujitha, D., 2014. Efeito do ácido salicílico e Pseudomonas fluorescens no crescimento e rendimento do arroz Ir-50. *Intl. J.* 5(1): 54-60.

Zaied, K. A., Abd-El-Hady, A. H., e Nassed, M. A., (2003). Rendimento e assimilação de azoto do trigo inoculado com novos inoculantes recombinantes de rizobactérias. *Pakistan j. of Biol. Sci.* 6(4):344-358.

MIX
Papier aus verantwortungsvollen Quellen
Paper from responsible sources
FSC® C105338

Printed by Books on Demand GmbH, Norderstedt / Germany